北京市科学技术协会科普创作出版资金资助项目
我是工程师科普丛书

科技馆的魔法手册

科普展品2

樊 庆 乐 雁 刘卫庄 王 震 刘永华

冯帅将 方 猛 黄洪明 刘成伟 任善武

马雪霁 张少磊 / 编 著

机械工业出版社
CHINA MACHINE PRESS

本书收录科技馆经典展品，按照声光、电磁、数学、力学、生命等几个学科分类选取50件基础展品，通过"眼前的现象""其中的奥秘""背后的故事"和"身边的科学"四个段落，采用图文并茂的方式描述了展品原理、展品结构、操作方法、背景知识及制作方法等内容，为读者在科普展品开发、设计和制作以及科普教育实践活动中提供技术参考。

本书是广大科普展品开发设计及制作的工程技术人员学习参考的重要依据和工具书，也适合对科普有兴趣的群体阅读。

图书在版编目（CIP）数据

科技馆的魔法手册. 2，科普展品/樊庆等编著.—北京：机械工业出版社，2021.4

（我是工程师科普丛书）

北京市科学技术协会科普创作出版资金资助项目

ISBN 978-7-111-37283-7

Ⅰ.①科… Ⅱ.①樊… Ⅲ.①科学知识—普及读物 Ⅳ.①N49

中国版本图书馆CIP数据核字（2021）第121613号

机械工业出版社（北京市百万庄大街22号 邮政编码100037）

策划编辑：李 楠 责任编辑：李 楠 罗晓琪 郑小光

责任校对：李 伟 责任印制：李 楠

北京宝昌彩色印刷有限公司印刷

2021年9月第1版第1次印刷

169mm × 225mm · 9.5印张 · 132千字

标准书号：ISBN 978-7-111-37283-7

定价：68.00元

电话服务 网络服务

客服电话：010-88361066 机 工 官 网：www.cmpbook.com

010-88379833 机 工 官 博：weibo.com/cmp1952

010-68326294 金 书 网：www.golden-book.com

封底无防伪标均为盗版 机工教育服务网：www.cmpedu.com

丛书序

　　回顾人类的文明史，人总是希望在其所依存的客观世界之上不断建立"超世界"的存在，在其所赖以生存的"自然"中建立"超自然"的存在，即建立世界上或大自然中尚不存在的东西。今天我们生活中用到的绝大多数东西，如汽车、飞机、手机等，曾经都是不存在的，正是技术让它们存在了，是技术让它们伴随着人类的生存。何能如此？恰是工程师的作用。仅就这一点，工程师之于世界的贡献和意义就不言自明了。

　　人类对"超世界""超自然"存在的欲求刺激了科学的发展，科学的发展也不断催生新的技术乃至新的"存在"。长久以来，中国教育对科技知识的传播不可谓不重视。然而，我们教给学生知识，却很少启发他们对"超世界"存在的欲求；我们教给学生技艺，却很少教他们好奇；我们教给学生对技术知识的沉思，却未教会他们对未来世界的幻想。我们的教育没做好或做得不够好的那些恰恰是激发创新（尤其是原始创新）的动力，也是培养青少年最需要的科技素养。

　　其实，也不能全怪教育，青少年的欲求、好奇、幻想等也需要公众科技素养的潜移默化，需要一个好的社会科普氛围。

　　提高公众科学素养要靠科普。繁荣科普创作、发展科普事业，有利于激发公众对科技探究的兴趣，提升全民科技素养，夯实进军世界科技强国的社会文化基础。希望广大科技工作者以提高全民科技素养为己任，弘扬创新精神，紧盯科技前沿，为科技研究提供天马行空的想象力，为创新创业提供无穷无尽的可能性。

中国机械工程学会充分发挥其智库人才多，专业领域涉猎广博的优势，组建了机械工程领域的权威专家顾问团，组织动员近20余所高校和科研院所，依托相关科普平台，倾力打造了一套系列化、专业化、规模化的机械工程类科普丛书——"我是工程师科普丛书"。本套丛书面向学科交叉领域科技工作者、政府管理人员、对未知领域有好奇心的公众及在校学生，普及制造业奇妙的知识，培养他们对制造业的情感，激发他们的学习兴趣和对未来未知事物的探索热情，萌发对制造业未来的憧憬与展望。

希望丛书的出版对普及制造业基础知识，提升大众的制造业科技素养，激励制造业科技创新，培养青少年制造业科技兴趣起到积极引领的作用；希望热爱科普的有识之士薪火相传、劈风斩浪，为推动我国科普事业尽一份绵薄之力。

工程师任重而道远！

李培根　中国机械工程学会理事长、中国工程院院士

前　言

伴随着 1988 年 9 月 22 日中国科技馆的开馆，截至 2018 年底，国内有达标实体科技馆 244 座、流动科技馆 420 套、科普大篷车 1 538 辆、农村科技馆 708 所。科技馆事业在我国得到了飞速发展。

展品是科技馆最主要的教育手段之一，而展品设计的一个重要原则就是，展品的创意源于科学技术史的重大事件和重大发明，观众通过与展品的互动操作与体验，在实践中获得了直接的经验，这就要求展品必须与真实的科学技术事件相关联，并且由真实的科学技术事件演化而来。

本书按照展品设计的重要原则，对每件展品通过"眼前的现象""其中的奥秘""背后的故事""身边的科学"四个段落，采用图文并茂的方式，描述了展品的操作方法、演示现象、科学原理、背景知识和工程应用，还通过详细的图解告诉读者制作方法。这就告诉了读者，科学的道理就在你身边，科学与你息息相关。

同时，科技馆展品互动体验不仅能够让孩子着迷，也能让成年人着迷；不仅能吸引专业科学家，同时也能吸引非科学工作者。因此，观众群体除了具有相似性外，个体差异也是非常显著的。本书尝试着对不同的读者群体用通俗易懂的图文方式解答科技馆展品的"奥秘"，让读者获得各自所需的知识。

本书对于展品的艺术造型、操作方法和演示现象所阐述的内容，并不是唯一的，只是基础性的启发和引导。读者可以在阅读的同时，到科技馆里进行互动操作体验。如果你能够在不同的操作方式下获得更多的演示现象，如果你能够关注到有几个展品演示的是同一科学原理，你将有机会体验来自不同视角的理念，从而获得更好的教育效果。

编著者

CONTENTS

目录

CONTENTS
目录

数学篇

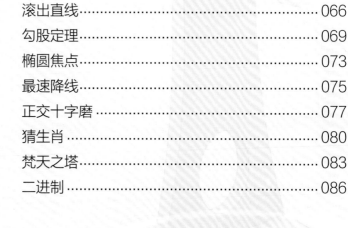

CONTENTS
目录

力学篇

生命篇

声光篇

窥视无穷

眼前的现象

展品使用有机玻璃和聚氯乙烯（Polyvinyl Chloride, PVC）板构建一个半封闭式的框架，内部装有半透半反射镜和平面镜，在两种镜子之间安装灯带或发光的物体，通过转动手轮带动平面镜组件小幅度来回转动（晃动），可以看到一条深邃的光隧道随着手轮的转动而变化。

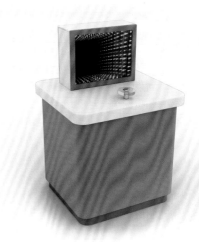

▲ 窥视无穷效果图

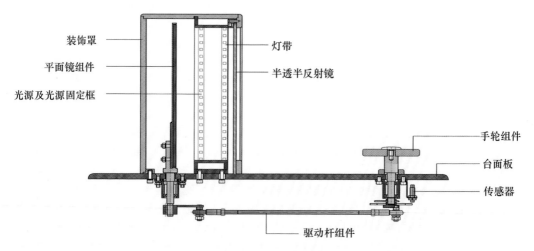

▲ 窥视无穷剖视图

其中的奥秘

半透半反射镜位于箱体正面，平面镜位于背面。平面镜反射灯光发出的光线，一部分光线通过半透半反射镜呈现到人们的眼睛里，另一部分光线则通过半透半反射镜再次反射到后端的平面镜上。这样就形成了一系列的镜像。物体的影像是在第一次反射中形成的，然后反射形成了影像的影像。经过多次的反射，形成了无限重复的影像，且一个比一个更远，就如同一望无际的灯光隧道。如果摆动箱体后端的镜子，光线反射的路径会相应改变，看到的光通道将弯曲。

背后的故事

现今社会上普遍使用的玻璃镜诞生于意大利的威尼斯，这里被称为"玻璃王国"，玻璃镜从诞生到今天已经 300 多年了。威尼斯产出的玻璃镜与表面模糊的青铜镜相比照人照物更加清晰，人们更加青睐，一度盛行于欧洲市场。法国王后玛丽·德·美第奇结婚之时，威尼斯市送给她一面玻璃镜作为结婚礼物。别小看它，当时，它的价值已达到 15 万法郎。当时，只有威尼斯才能制造这种玻璃镜，制造商位于穆拉诺孤岛上。法国想获得制镜的秘密，甚至暗中强掳了若干名制镜工匠。1666年，一家镜子工厂在法国的诺曼底建成，从那时起，玻璃镜的制造技术不再是威尼斯独有的秘密，它开始逐步向外推广并应用。玻璃镜约在清朝末年于我国出现。

身边的科学

反射镜在我们的生活中被广泛使用，例如汽车上的后视镜，家里使用的穿衣镜等。

半透半反射镜常常用在建筑大楼、汽车贴膜和太阳镜上。有一种半反射型屏幕，镜子正面可反射阳光（在阳光下提供阅读光源），镜子背面为透明玻璃（提供屏幕背光通道），采用该技术制成的半反射型屏幕具有在强光条件下全反射型屏幕的优异阅读功能，同时具有在低光和无光条件下全透型屏幕良好的阅读功能。

激光竖琴

眼前的现象

展品由琴身及激光组件构成，多条对射的激光束（线）为琴弦。手或其他物品遮挡激光束（线）时，由电路控制产生不同音调的声音，进而形成优美的乐曲。

▲ 激光竖琴效果图

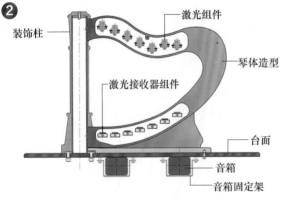

▲ 激光竖琴结构图

其中的奥秘

有一种没有弦的竖琴，它是激光竖琴，用明亮的激光束取代琴弦，每一束激光照射在对应的光敏电阻上。当无激光照射时，控制系统读取光敏电阻的电压为高电平；当有激光照射时，控制系统读取光敏电阻的电压为低电平。因此，当手挡住激光时，其效果相当于电路中的开关功能。这样就可以对扬声器进行控制，使其产生相应的反应。只要轻轻地"弹"一下光束，就会像拨动琴弦一样演奏出旋律。

背后的故事

现代激光系统的理论基础是爱因斯坦在 1916 年提出的"自发和受激辐射"理论。但此后 40 多个春秋，学界一直未能成功证实受激辐射。20 世纪 50 年代，随着无线电技术的飞速发展，根据爱因斯坦的理论，肖洛等将电磁波波段的研究范围从短波扩展到微波，并成功研制出一种仪器。当时，这种仪器被称为微波激射放大器、微波量子放大器或微波激射器。这个设备的作用是使微波束更集中。1958 年，微波激射器的工作原理进一步扩展到光谱波段，激光器理论被提出。1960 年，西奥多·梅曼成功地利用合成的红色宝石晶体制造了世界上第一台激光器。它能输出一种波长为 694.3 nm、脉冲能量为 400 mJ 的相干光，被称为激光。

身边的科学

激光是 20 世纪的一项重大发明。它具有很高的亮度，很小的发散度，极好的单色性和非常集中的能量，广泛应用于农业、工业、医疗、军事、通信等领域。

我国第一台激光器诞生于 1961 年。近 50 年来，激光技术发展迅速。它与许多学科相结合，形成了光电技术、激光加工技术、激光医学与光子生物学、激光全息技术、激光探测与测量技术、激光光谱分析技术、超快激光科学、非线性光学、量子光学、激光雷达激发技术、激光化学、激光制导、激光控制核聚变、激光同位素分离、激光武器等多个应用领域。随着这些交叉技术的发展和新学科的诞生，传统产业和新兴产业正朝着融合的方向持续快速发展。

画五角星

眼前的现象

展品主要由平面镜、五星图案面板、触控笔、数显装置等组成。在注视平面镜里五角星影像的同时，手握触控笔在面板上沿轨迹画五角星图形，会发现五角星很难被顺利地画出来，触控笔经常会脱离轨迹引发报警，屏幕显示画出五

▲ 画五角星效果图

角星的时间和错误（偏离五角星图形）的次数。只有多加练习，在熟能生巧后方可快速地画出五角星图形。

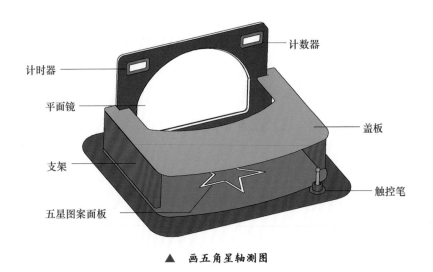

计时器

计数器

平面镜

盖板

支架

触控笔

五星图案面板

▲ 画五角星轴测图

其中的奥秘

平面镜成像的特点是像与物体大小相等，左右方向相反。眼睛就像照相机，物体发出的光进入眼睛后在视网膜上形成图像。眼睛看到平面

镜反射后呈现的镜像，人眼视网膜上的图像上下发生颠倒，倒立的图像通过视神经传输到大脑，大脑将其转换成正立的图像。但此时大脑中的图像与物体左右位置相反。

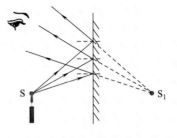

▲ 平面镜成像原理

画五角星也是如此。五角星首先通过平面镜反射，然后通过视网膜成像。根据以往的经验，大脑仍然会再次转动接收到的图像，并以此信息为基础指挥手和其他器官协调动作。由于手画的方向与五角星实际的方向相反，因此，移动触控笔画五角星时，笔尖的方向会偏离原图案的正确轨迹，出现手眼不协调的现象，所以画五角星非常困难。

背后的故事

潜望镜是在 Z 形管中加入两面平面镜，物光经过两次反射从而进入人眼中。潜望镜多用于潜水艇、坦克中以观察敌情。

身边的科学

生活的各个方面都有平面镜的踪影，例如练舞房中墙壁四面的镜子、穿衣镜、汽车后视镜、牙科手术使用的小圆镜等都是平面镜。平面镜也是投影仪、显微镜的构成组件。

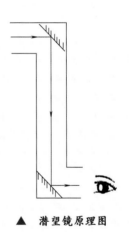

▲ 潜望镜原理图

翻转的镜像

眼前的现象

展品设置一个水平底座，底座上方左右各设置一个支架，支架内安装轴承，轴承中套设轴套，轴套顶端固定端盖和保护盖，轴套内开方形孔，孔内连接翻转罩，翻转罩内固定三块平面镜。手扶端盖，从保护盖内可以看到对面的镜像，转动翻转罩，对面的镜像也随之转动。

▲　翻转的镜像效果图

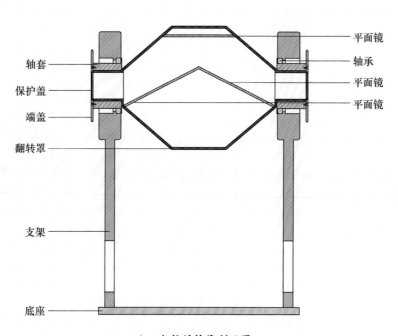

▲　翻转的镜像剖面图

其中的奥秘

展品巧妙应用平面镜对称成像的原理。平面镜成像有以下几个特点：由平面镜所成的像都是虚像；像和物体的形状、大小相同；像和物体各对应点的连线与平面镜垂直；像和物体各对应点到平面镜间距离相等。翻转罩里有三块平面镜，它们按一定角度拼接组合而成，翻转的镜像成像原理如下图所示。翻转罩旋转的时候，三块平面镜随之同步转动。虽然站在装置对面的另一个人的头部位置没有改变，但平面镜对物体同一点入射光的反射位置却发生了改变，因此看到对方的镜像随着翻转罩的转动而不断旋转。

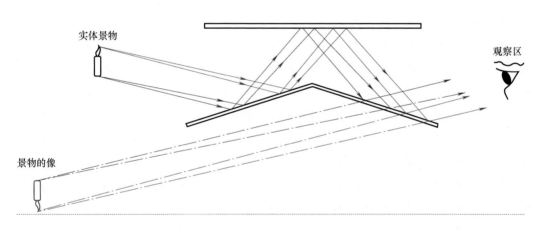

实体景物

观察区

景物的像

▲　翻转的镜像成像原理

背后的故事

公元前 2 世纪，我国的《淮南万毕术》一书中有这样的记载："取大镜高悬，置水盘于其下，则见四邻矣。"这句话的意思就是，在高处悬挂一面平面镜，在镜子下方放置一个水盆，通过这个装置可以观察周围景物。这是较早的利用平面镜组合成像原理来观察景物的例子。

身边的科学

平面镜成像原理在很多领域中都有重要应用，例如潜望镜就是利用了平面镜组合成像的原理；投影仪中使用平面镜来改变光的传播路径；室内装修师经常会使用平面镜来营造空间扩大的视觉效果；牙医用平面镜观察牙齿背面等。

光的路径

眼前的现象

展品设置一个固定展台，展台上方设置防护罩组件、转盘手轮组件和透镜手轮组件，展台下方设置金属的固定架，固定架上装有转盘传动组件、磁力传动组件和传感组件。转盘传动组件上方设有大转盘，大转盘上设置凹透镜、凸透镜、楔形镜、平行玻璃砖、直角三棱镜、五棱镜、凹面镜和凸面镜 8 组光学组件，光学组件与磁力传动组件通过磁力实现转动传动。转动转盘手轮组件，选择不同的光学组件，旋转透镜手轮组件以调整光学组件的角度，观察凹透镜的发散现象、凸透镜的聚光现象、楔形镜的使光向较厚的方向偏折现象、平行玻璃砖的光线平移现象、直角三棱镜的 90° 全反射现象、五棱镜的两次反射现象、凹面镜的汇聚反射光现象和凸面镜的发散反射光现象。

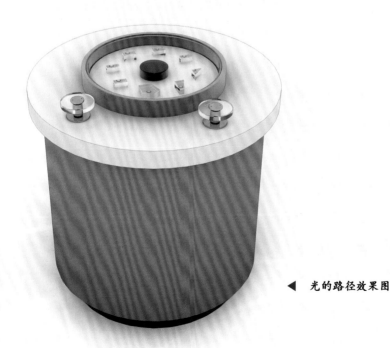

◀ **光的路径效果图**

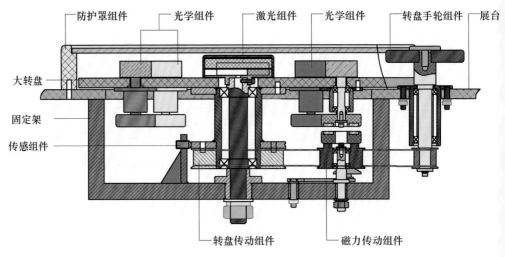

防护罩组件　光学组件　激光组件　光学组件　转盘手轮组件　展台

大转盘

固定架

传感组件

转盘传动组件　　　磁力传动组件

▲　光的路径剖面图

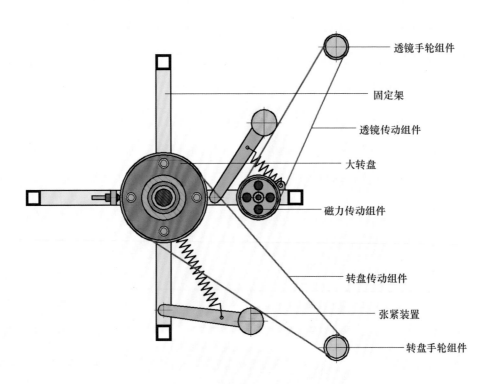

透镜手轮组件

固定架

透镜传动组件

大转盘

磁力传动组件

转盘传动组件

张紧装置

转盘手轮组件

▲　光的路径传动图

其中的奥秘

光路是指光的传播路径，包括光传播中的折射和反射。光在同一种均匀介质中沿着直线传播，但在两介质交界处会发生折射或反射。当平行光线由空气射向光学组件时，光路发生改变。例如，当通过焦点的入射光被反射时，它将平行于主轴，当平行于主轴的光被凹面镜反射时，反射光将聚焦于焦点等。虽然光在凹透镜、凸透镜、楔形镜、平行玻璃砖、直角三棱镜、五棱镜、凹面镜和凸面镜中的传播路径不一样，但都遵循光的折射和反射规律，传播路径如下图所示。

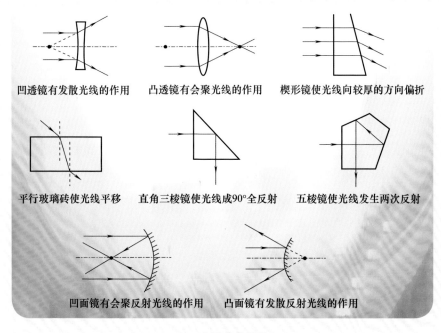

凹透镜有发散光线的作用　　凸透镜有会聚光线的作用　　楔形镜使光线向较厚的方向偏折

平行玻璃砖使光线平移　　直角三棱镜使光线成90°全反射　　五棱镜使光线发生两次反射

凹面镜有会聚反射光线的作用　　凸面镜有发散反射光线的作用

▲ **光的传播路径**

背后的故事

17世纪初，荷兰小镇上有一家眼镜店。一天，商店的老板利伯希为了检查磨制出来的透镜质量,把一块凸透镜和一块凹透镜排成一条线。

从透镜看过去，他发现远处的教堂塔尖仿佛越来越大、越来越近。就这样，望远镜的秘密被他偶然间发现了。1608 年，他为自己制作的望远镜申请了专利，并遵从当局的要求，制造出了双筒望远镜。

望远镜被发明出来的消息很快在欧洲各国流传开了，意大利科学家伽利略得知消息后开始自制望远镜。他的第一台望远镜只能把物体放大 3 倍。一个月后，他制作了第二台望远镜，将物体放大了 8 倍，第三台望远镜放大了 20 倍。1609 年 10 月，伽利略制作了一台可以放大 30 倍的望远镜。他用自己的望远镜观察夜空，第一次发现月球表面凹凸不平，布满了山脉和陨石坑。之后他进一步观察，发现了木星的 4 个卫星和太阳的黑子运动，得出了太阳在转动的结论。

身边的科学

光在凹凸透镜、球面镜、棱镜、平面镜中的传播特点不同，在很多领域中都有应用。如三棱镜常用于医学中治疗和矫正眼睛斜视，可消解由于眼外肌麻痹造成的复视；凸面镜用在弯道和路口，可扩大司机视野，也用于超市防盗和监视死角；凹面镜用于电视卫星天线、医用头灯、反射式望远镜等；凸透镜常用于显微镜、投影仪和照相机等。

全息照片

眼前的现象

展品由光源、全息照片和起动按钮组成。展台上固定放置一幅全息照片，下方设置有光源。全息照片上下面均采用亚克力封装保护，为了展示照片的厚度很小的特性，采用透明的亚克力包边，这样可观看到全息照片的整体效果。按下按钮，点亮光源，原来黑色的照片呈现出立体效果，从而直观地感受全息照片带来的视觉效果。

▲ 全息照片效果图

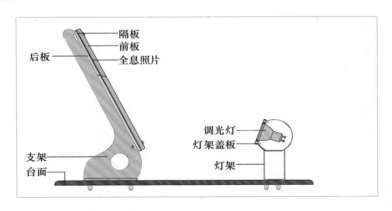

其中的奥秘

全息照相是一种先进的照相技术，可以记录被摄物体反射（或透射）光波中的全部几何信息。全息技术依据光的干涉原理，通过两束光的干涉来记录被摄物体的信息。拍摄全息照片使用的不是一般的照相机，而

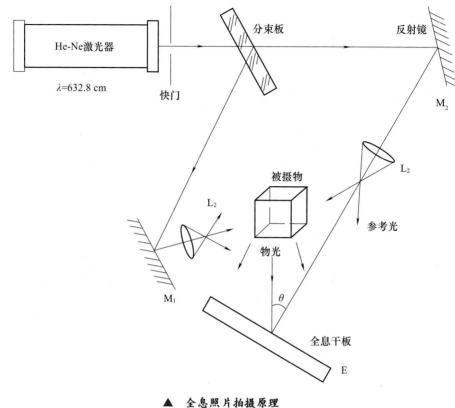

He-Ne激光器

λ=632.8 cm

快门

分束板

反射镜

M_2

L_2

被摄物

参考光

L_2

物光

M_1

θ

全息干板

E

▲　全息照片拍摄原理

是一台激光器。分束板将激光束一分为二，其中物光束是照到被拍摄的景物上的光束；参考光束是直接照到感光胶片即全息干板上的光束。当物体把物光束反射后，反射的光束也会照射到感光胶片上，这就是全息照片的制作过程。立体图像也可以用彩虹全息照相技术进行拍摄。

背后的故事

值得一提的是，全息照相这项伟大的科研成果是在与普通摄影毫无关系的科研领域发明的。发明者伽柏最开始研究这一课题的目的是提高电子显微镜的分辨率。这种具有创新精神的成像方法被他巧妙地设计出来，科研成果于1948年公开发表。但是，由于当时缺乏激光这种优质的单色光，技术上也存在着许许多多难以克服的困难，因此伽柏没有取得令人称赞的好成绩，人们也没有重视那篇公开发表的论文。

这样的情况持续了十多年，直到 1964 年，激光才作为一种理想光源被使用，从那时起全息技术开始发展。全息照相技术在短时间内成为一种应用广泛、前景无限的新技术。首创全息照相理论的伽柏荣获了 1971 年诺贝尔物理学奖，被称为"全息照相之父"。

身边的科学

全息技术具有清晰感知几何位置的能力。全息图可以精确地复制原始对象，因此可以对比检查原始对象是否已更改。只要变化 1 μm，就可以通过全息技术检查出来。研究和生产部门使用激光全息技术来检测成品的质量。

全息存储技术仍在发展中。全息数据存储密度的极限是每立方厘米几十太字节。到现在全息数据存储已经实现了 500 GB/in^2（1 in=0.025 4 m）的存储密度。基于这些，我们可以推测普通光盘（写入半径约为 4 cm）可以存储 3 896.6 GB 左右的信息，而阅读信息的时间仅需要 10^{-6} s！现在可以将信息存储在物料中。一块晶体可以存储 10 万本书，只需要几块晶体就可以存储一个图书馆容量的图书。比这些更为重要的是，全息存储技术的发展将促进计算机的更新换代。

看得见摸不着

眼前的现象

展品设置底座、观察口、球壳外罩、凹面镜、花瓣造型、苹果模型、置物台等。球壳外罩内安装的凹面镜能够将苹果模型的像呈现在空中，从正面窗口中可以看到一个悬浮在空中的苹果，伸手去摸的时候却怎么样都无法摸到苹果。

▲ 看得见摸不着效果图

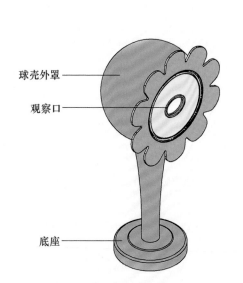

球壳外罩

观察口

底座

▲ 看得见摸不着结构图

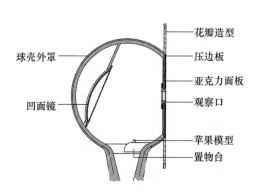

球壳外罩

凹面镜

花瓣造型

压边板

亚克力面板

观察口

苹果模型

置物台

▲ 看得见摸不着剖视图

其中的奥秘

凹面镜是球面镜的一种，利用反射成像。镜面不透射光线，而是将光线反射回去形成影像，光线遵循反射定律。这种镜面叫作"会聚镜"，因为它们会聚集撞击在镜面的光，并且平行入射的光线经过反射后将重新会聚在焦点上。凹面镜上每个点的法线方向不同，光线会以各种各样的角度发生反射，且光线的路径可逆，凹面镜不仅可以将平行光线会聚到焦点，而且可以将由焦点发出的光线反射为平行光线。

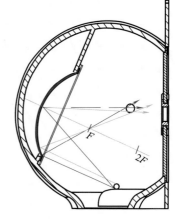

▲ 成像光路原理

背后的故事

关于阿基米德的故事流传甚多，其中最为神秘和不可思议的是阿基米德的"死光"传说。公元前215年，古罗马派出了一支强大的海军，由马塞拉斯率领，用战舰攻击古希腊城邦叙拉古（位于今天的意大利西西里岛）。气势汹汹的古罗马军队包围了叙拉古，叙拉古的国王和人民都倍感恐慌。人们寄希望于居住在该岛上的阿基米德。阿基米德年纪已大，既不会武术，也没有指挥战斗的能力，但是他的大脑很聪明。当时，战舰舰体是用木头做的，帆是用布做的，都是易燃的材质。阿基米德想到了用凹面镜会聚太阳光能量来进行攻击。他让传令兵通知几百名士兵搬来几百面取火镜。这些镜子的镜面很奇特，不是平的而是向内凹陷的。然后调整这些镜面的角度，让太阳光照射到镜面后反射出去的光线集中在敌舰上。不一会儿，"呼"地起火了，敌舰被点燃了，敌军灰飞烟灭。虽然这个故事需要验证，但是在理论上是可以实现的。故事中阿基米德使用的"武器"是凹面镜，而太阳光被凹面镜反射出去后光线会聚的焦点是凹面镜的焦点，焦点的温度很高，射到易燃物上就能点着火。

身边的科学

凹面镜在生产和生活中主要用于太阳灶、台灯、手电筒、电视卫星天线、雷达等。

FAST 射电望远镜被称为"中国天眼"，是世界最大单口径、最灵敏的射电望远镜，它相当于一个巨大的"凹面镜"，通过反射聚焦把信号聚拢到一点上。与被誉为"地面最大机器"的德国波恩 100 m 望远镜相比，灵敏度提高了 10 倍左右；与被评为人类 20 世纪十大工程之首的美国 Arecibo 300 m 望远镜比较起来，它的综合性能提高了 10 倍左右。作为世界上最大的单口径射电望远镜，FAST 将在未来 20~30 年内保持世界领先地位。

是你还是我

眼前的现象

展品设置一个固定展柜，展柜两侧设置两个座椅，台面中心固定一个镜架，镜架内嵌半反半透镜，镜架两侧各设一台照明灯，展柜台面设置调光旋钮。观众分别坐在展柜两边，观看半反半透镜，转动旋钮调节各自前面的照明灯的灯光强度，随着光源亮度改变，可看到对方或自己的影像以及两人叠加的影像。

▼ **是你还是我效果图**

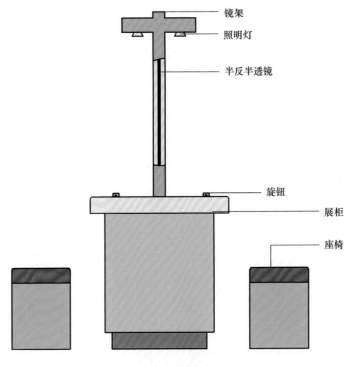

　　　　　　　　　　　　　　镜架
　　　　　　　　　　　　　　照明灯

　　　　　　　　　　　　　　半反半透镜

　　　　　　　　　　　　　　旋钮
　　　　　　　　　　　　　　展柜

　　　　　　　　　　　　　　座椅

▲　是你还是我结构图

其中的奥秘

　　反射镜是一种光学元件，它可以利用反射面反射光线。根据反射光线的程度进行分类，反射镜可分为全反射和半反半透射两种，后者经常被称为双向镜、分束镜或半反半透镜。半反半透镜的原理是在玻璃镜上镀一层极薄的金属膜，例如铬膜。极薄的金属膜使玻璃镜能够反射一部分光线而透射另一部分光线。当一个人站在玻璃镜前时，如果玻璃镜前面的光线比玻璃镜后面的光线强，那么玻璃镜前面反射的光线比玻璃镜后面透射的光线强，镀膜玻璃镜就变成了普通的镜子，所以人们会通过镜子看到自己的影像。当玻璃镜后面的光线比前面的光线强时，玻璃镜透射的光线比反射的光线强，镀膜后的玻璃镜变成了透明玻璃，人们用肉眼就能看到玻璃镜后面的物体。当玻璃镜反射的光线与透射的光线无显著差异时，半反半透镜中会出现镜前反射物影像与镜后透射物影像叠加的效果，特别是当两人分别站在镜子两侧时，就会形成你中有我、我中有你的影像。

背后的故事

生活中经常会出现一些有意思的现象，白天从室内玻璃往外看，窗外的风景异常清晰，但是到了晚上（或光线较暗时），打开室内照明灯，再往窗外看，奇妙的现象发生了，透过玻璃，既能看到窗外的景色，又能看到室内的景象。这是由于镀过膜的玻璃既能透过光线也能反射光线造成的，在汽车玻璃上也能看到类似的现象。

身边的科学

半反半透镜（现象）在生活中有许多应用。如很多智能手机的屏幕就利用了半反半透原理，屏幕的正面可反射阳光，提供阳光下阅读的光源，而背面却能看穿整个屏幕（为屏幕背光提供通道）。另外半反半透镜在镜面电视、相机、灯箱广告、玻璃幕墙等方面也有着广泛应用。

爸爸的鼻子

眼前的现象

展品主要由钢木结构框架、镜子组件和座椅（座板及支柱）组成。两位观众分坐在展品两端的座椅上，保持头部高度一致，在看向对方时，会发现"镜子"中自己的面容发生了很大的变化，有一些是自己的，有一些是对方的。跟父母互动体验时，会发现某些部位长相很像父母，比如鼻子很像爸爸。

其中的奥秘

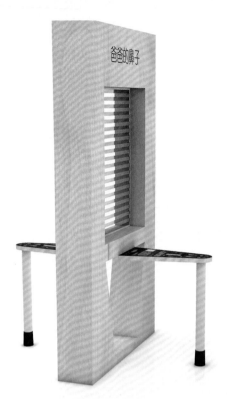

▲ 爸爸的鼻子效果图

当光线照射到两种介质的分界面上，传播方向发生改变并返回原介质继续传播，这种现象称为光的反射。反射光、入射光和法线在同一平面上；反射光和入射光分布在法线的两侧；反射角等于入射角。可以总结为：三条线共面，两条线分开，两个角相等。入射光在两种介质的分界面上发生折射，穿过另一种介质后射出的现象称为光的透射。当光线照射到透明或半透明材料表面的时候，有一部分光线被反射，一部分光线被吸收，一部分光线发生透射。透射的介质是透明或半透明的，例如滤色镜、玻璃等。

该展品用光的反射和透射原理。中间的镜子组件由交错排列的透明玻璃和平面镜组合形成。两位观众面对面坐在镜子的两侧。照射到观众脸上的光线一部分发生透射，光线穿过透明玻璃，另一部分被平面镜反射回去，此时双方看到自己和对面人的脸部在镜子中呈现的影像融合在了一起。

背后的故事

光反射规律是光传播的重要属性之一。我国古代在这一领域积累了丰富的知识，这在许多历史资料中得到了证实。

对于人类而言，规模最大的光线反射现象出现在月球上。众所周知，月球本身是不发光的，它都是反射太阳的光线。中国是最早记录日食现象的国家，在记录了夏、商和周三代历史的《尚书》中就有关于日食现象的记载。中国最古老的天文学著作《周髀算经》曾提到："故日兆月，月光乃出，故成明月。"可见当时人们已经有了光线反射的概念。

其实在西汉时期，人们还有"月如镜体"的说法，可见当时人们对光线反射现象有了深刻的理解。《墨经》里记载了光线反射实验：用镜子将太阳光反射到人体，可以使人体的阴影介于人体和太阳之间。

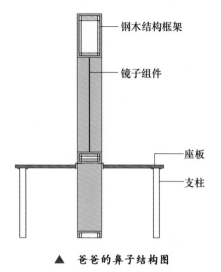

▲ 爸爸的鼻子结构图

钢木结构框架
镜子组件
座板
支柱

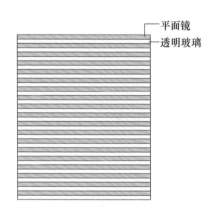

▲ 爸爸的鼻子镜子组件结构图

平面镜
透明玻璃

身边的科学

光线反射在生活中应用极其广泛，家用化妆镜和汽车后视镜使用的都是平面镜。光线透射在生活中也有着广泛应用，例如建筑物的玻璃、眼镜和车窗玻璃都应用了光线透射原理。

菲涅尔透镜

眼前的现象

展品设置一固定底座，底座上方设置圆形镜框，镜框内置圆形菲涅尔透镜，透镜边缘由压边固定，压边外侧贴有环形灯带。灯带点亮后可更加清晰地观看到透镜对面的影像，通过菲涅尔透镜，可看到透镜后面的影像被放大了。

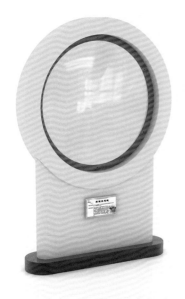

▲ 菲涅尔透镜效果图

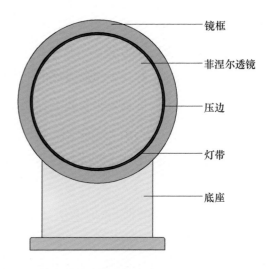

镜框

菲涅尔透镜

压边

灯带

底座

▲ 菲涅尔透镜结构图

其中的奥秘

菲涅尔透镜的两个面并不相同，它的一个表面是光面，另一个表面上刻有由小到大的同心圆槽。根据光的干涉和衍射、相对灵敏度和接收角度的要求来设计它的纹理结构。

菲涅尔透镜工作原理非常简单：假设透镜的折射能量只出现在光

学材料表面（例如透镜表面），尽可能多地去除光学材料，同时保留发生折射的曲面。从剖面上看，菲涅尔透镜的表面是由一系列锯齿状圆槽组成的，它的中心部分是一个椭圆弧。圆槽的角度不同，每个圆槽都相当于一个单独的折射表面，光线发生折射后会集中在一个地方，形成中心焦点，即透镜的焦点。每个圆槽可以看成一个独立的小透镜，它将光线调节成平行光线或会聚光线。

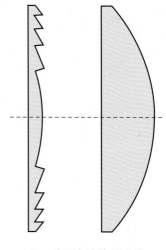

▲ 菲涅尔透镜原理图

背后的故事

菲涅尔透镜的发明者是法国物理学家菲涅尔。他最初使用这个透镜设计是在1822年，用于建立一个玻璃菲涅尔透镜系统——灯塔透镜。

在框架上安装数个独立的截面以此来制造更轻更薄的透镜，这一想法一般被认为是由布封伯爵正式提出的。孔多塞建议用一块薄薄的玻璃来研磨这种透镜。1823年，第一个菲涅尔透镜被应用于吉伦特河口的哥杜昂灯塔上，透过它发射出的光线即使是在 20 mi（1 mi=1.609 3 km）之外都能看到。

身边的科学

菲涅尔透镜成本远远低于普通凸透镜，多用于精度要求不高的场合。一个典型的例子是被动红外线（Passive Infra Red, PIR）探测器。PIR 探测器广泛应用在报警器上。每个 PIR 探测器都有一个塑料小帽子，这就是菲涅尔透镜。小帽子的里面刻有齿状纹路。菲涅尔透镜可以将入射光的频率峰值限制到大约 10 μm（人体红外辐射的峰值）。

隐身人

眼前的现象

展品主要由外罩、地台、护栏、内箱体和平面镜组成。设计一个小房间，房间的四面墙及底面都贴有网格壁纸，内箱体的两个立面上贴有平面镜，参与者站在内箱体里面，只把头露出圆形箱口，由于平面镜的缘故，屋外的观众看不到内箱体，误以为屋内参与者的身体被隐去了。

其中的奥秘

展品巧妙地利用了平面镜反射成像的原理，使观众产生错觉，看不见内箱体，误以为人的身体被隐去了。平面镜中所成的像是和物体大小一样的虚像。平面镜、四面墙及底面互相垂直，而壁纸的图案又被平面镜完整地反射成像，周围没有任何参照物，因而看不见内箱体，很巧妙地将进入里面的人的身体隐藏起来。

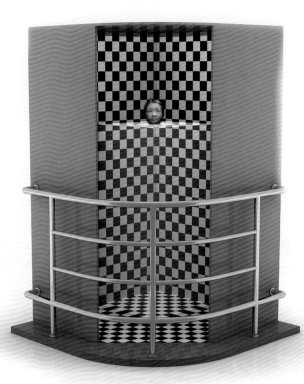

▲ 隐身人效果图

背后的故事

在文艺复兴时期，平面镜具有成像清晰和平滑度高的优势，镜面上从来

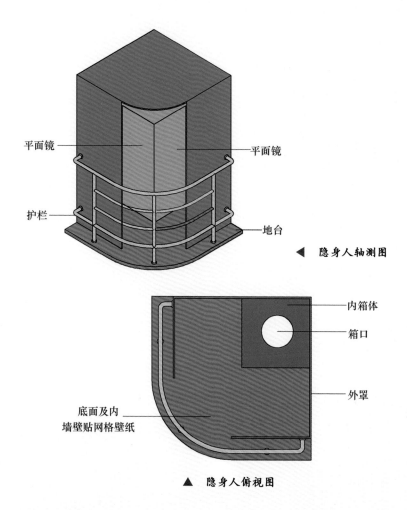

平面镜 ── ── 平面镜

护栏 ──

── 地台

◀　**隐身人轴测图**

── 内箱体

── 箱口

── 外罩

底面及内
墙壁贴网格壁纸 ──

▲　**隐身人俯视图**

没有出现像金属镜那样暗淡或晕色的现象。也因平面镜这些特点，达·芬奇开始主张用平面镜来检查他的写实绘画的标准性，以及是否存在一些缺陷。在他的手稿《绘画论》中，他讲解了如何使用威尼斯镜子进行绘画以及一些绘画的技巧。

身边的科学

平面镜可以用来改变光的传播方向和控制光路。例如，挖井、挖洞时，平面镜能将阳光反射到工作区照明。

声聚焦

眼前的现象

展品设置两个标识焦点的聚焦盘，两聚焦盘相隔一定距离。顶部悬挂声音反射板，声音反射板与两聚焦盘形成一定角度关系。观众站在一个聚焦盘的前面，通过焦点向聚焦盘轻轻说话，另一个观众便可在对面聚焦盘的焦点附近清晰地听到说话者的声音。

其中的奥秘

声聚焦是指声波在凹面上的集中反射，使反射声集中在某一区域，这样使得该区域的声音尤其大。如声音传播路线图所示，当声源位于左抛物面的焦点 F_1 时，声波将被平行于轴线的抛物面反射到

▲ 声聚焦效果图

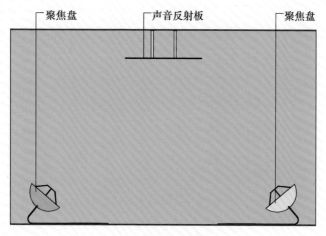

▲ **声聚焦结构图**

右侧。当平行波撞击右抛物面时，被抛物面反射的声波将会聚在右侧的焦点 F_2 处。

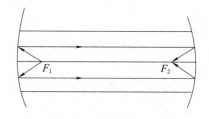

▲ **声音传播路线图**

背后的故事

站在穹顶下，人们有时会听到奇怪的声音（也称为龙音，用来描述许多龙聚集在一起的咆哮声）。这种现象是建筑在声学上的缺陷导致的，因为穹顶的弧形表面将声音反射，并汇集到一点，从而产生难听的"怪声"。很多商场的穹顶下面也会出现这种声音"汇集"的现象。

身边的科学

利用声聚焦的原理，我们可以制作声聚焦喇叭。声聚焦喇叭通常应用于声音宣传，使用场合很广泛，如博物馆、展览馆、主题公园等。它最主要的特点是它能使不同地区播放的声音互不干扰。同时声聚焦也存在着一些缺陷：会导致声能过度集中，使声能汇聚点的声音有噪声，而其他区域的听音条件变差，加大了声场的不均匀性，严重影响听者的听音条件。因此，作为一种声学缺陷时，声聚焦是需要尽量避免的，比如：在装饰音乐厅时，要避免大尺寸的凹壁，避免声聚焦的现象发生。

声驻波

眼前的现象

展品由透明有机玻璃管、扬声器、保护罩以及支架构成，透明管内填装一定量轻质彩色颗粒。扬声器发出入射声波会在管子的另一端发生反射波，两个振幅相同的相干波在同一直线上沿相反方向传播的时候，叠加后形成驻波，透明管内彩色轻质颗粒显示出其波腹和波节。观众通过调节频率，使玻璃管中的介质随着声波振动。选择具有差异的频率，

▲　声驻波效果图

观察最大振幅和零振幅分别有什么样的变化，从而了解什么是驻波及其特性和形成条件。

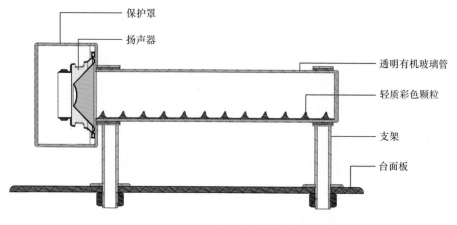

▲　声驻波结构剖面图

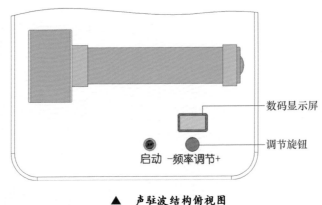

数码显示屏

调节旋钮

启动 —频率调节+

▲ 声驻波结构俯视图

其中的奥秘

声音的传播形式称为声波，发出声音的物体称为声源。声波是声源振动产生的机械波。声波的传播符合经典的波动方程，是线性波。当两种或两种以上的声波相遇时，它们会相互影响并叠加，这种现象被命名为波干涉。在它们的波峰和波谷完全同相的情况下，它们会相互加强，这种现象下所产生的波形振幅会比任何单一波形的振幅都要高。在两个波形的波峰和波谷完全异相的情况下，它们将互相抵消，波形将不复存在。

驻波作为一种重要的波干涉现象而存在。当两个振幅相同的相干波在同一条直线上以相反的方向传播时，通过叠加后成为驻波。驻波是由两个频率相同、传播方向相反的波沿传输线形成的分布状态。其中一个波通常是另一个波的反射。波腹出现在两者振幅相加的点上，在两者振幅相减的点上形成一个节点。在波形上，节点和波腹的位置总是不变的，给人以"静止不动"的印象，但其瞬时值随时间而变化。如果这两个波的振幅相同，则节点的振幅为零。

背后的故事

驻波经常出现在陡峭的海岸墙或垂直的水上建筑物前。紧靠着陡峭的岩壁附近的海面随着时间周期性地起伏，海水来回流动，但并不向前传播。水面基本上是水平的，这是由于堤墙的限制，入射波和反射波相互干扰造成的。波浪表面随时间周期性地起伏，每偶数个半波长，都有一个波面起伏幅度最大的断面，称为波腹。波面上升和下降幅度为 0 时的断面称为波节。两个相邻波节之间的水平距离仍然是半个波长，因此驻波的波面包括一系列波腹和波节。腹节相间，虽然波腹处的波面高低具有周期性变化，但这部分的水平位置和波节的位置都是固定的。这与波峰和波谷沿水平方向运动的现象正好相反。当波面处于最高或者最低位置时，质点的水平速度以及波面的升降速度都变为零。当波面处于水平位置时，流速的绝对值最大，波面上升和下降最快，这是驻波运动的一个特征。

身边的科学

所有种类的乐器，包括弦乐器、管乐器和打击乐器，皆是由于驻波而产生声音。弦或管中空气柱的长度等于半波长的整数倍才能获得最强驻波。

声波看得见

眼前的现象

展品由固定底板、固定钢架、滚筒、吉他等零件组成，滚筒表面粘贴黑白相间条纹。转动滚筒后拨动琴弦，可以看到琴弦在滚筒前面形成振动的影子。脚踩住踏板可以拉紧琴弦，当琴弦处于拉紧和松弛状态时，影子是不同的，不同粗细的琴弦振动时的影子也不同。

其中的奥秘

弹拨的吉他弦振动非常快，以至于肉眼难以捕捉。旋转的黑色鼓上的白线就像闪光灯一样，可以"冻结"空气中吉他弦的振动。于是就可以通过肉眼观看到琴弦振动的情况。

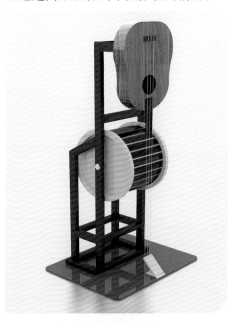

▲ 声波看得见效果图

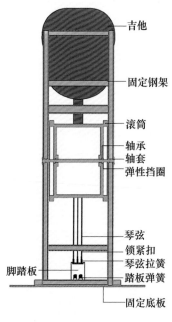

吉他

固定钢架

滚筒

轴承
轴套
弹性挡圈

琴弦
锁紧扣
脚踏板
琴弦拉簧
踏板弹簧
固定底板

▲ 声波看得见结构图 1

当踩下脚踏板时，吉他弦被拉紧。弦越紧，音调越高。反映在波纹图案中，波纹的数量增加，起伏度减小，也就是频率增加，振幅减小。此外，还应该注意到，所看到的波纹图案不是声波的真实形状，而是弦的振动形状。

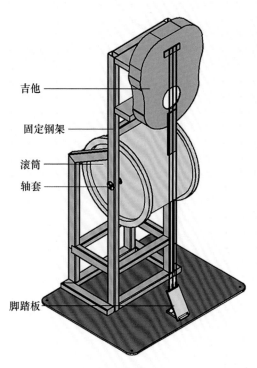

吉他

固定钢架

滚筒

轴套

脚踏板

▲ 声波看得见结构图2

背后的故事

振动和波动是两种密切相关但又不同的运动形式。波动是振动在介质中的传播。它有两种形式，一种是横波，另一种是纵波。横波的特征在于振动方向和传播方向相互垂直，而纵波的特征在于振动方向和传播方向平行。纵波和横波的各种特性是一致的，并由波长、频率和相位等参数来描述。

身边的科学

不同的声源频率差异也很大，这造成了声波的丰富多彩。在声波的频率范围内，音调高低取决于声音的频率：频率高则音调高、声音尖锐；相反，频率低则音调低，声音低沉。例如，鼓的声波每秒振动80~2 000次，即频率为 80~2 000 Hz；钢琴发声的频率范围为 27.5~4 096 Hz；大提琴是 40~700 Hz；小提琴的频率是 300~10 000 Hz；笛子是 300~16 000 Hz；

男性低音发声的频率是 70~3 200 Hz；男高音是 80~4 500 Hz；女高音是 100~6 500 Hz；普通谈话中声波的频率在 500~2 000 Hz 之间。许多动物在发送和接收声波的同时还能接收超声波，有些动物甚至还能感觉到次声波。

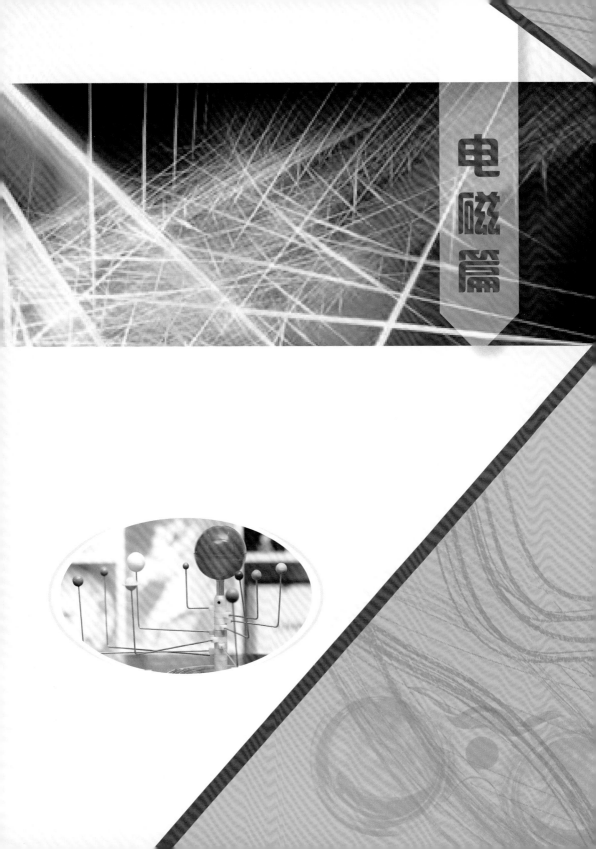

电磁篇

雅各布天梯

眼前的现象

展品的组成包括变压器、羊角电极和其他部件。变压器提供几十万伏的高电压将羊角电极之间的空气分解，形成弓形电弧，同时产生光和热，热空气带着电弧一起上升，它的移动过程类似于爬梯子。当电弧延长到一定长度时，施加的电压不再能维持产生电弧所需的条件，电弧消失。这时，在羊角电极的底部会产生一个新的电弧，形成循环的电弧爬升现象，像一簇簇火焰一样向上爬升，就像希腊神话的雅各布天梯一样。

▲ 雅各布天梯效果图

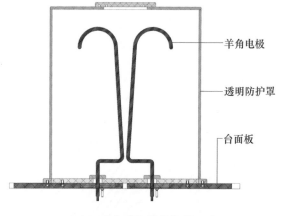

羊角电极

透明防护罩

台面板

▲ 雅各布天梯结构剖面图

其中的奥秘

两个电极之间的高电压使得电极之间最窄处的电场非常强。巨大的电场力使空气电离，形成气体离子导电的同时会产生光和热。电弧随着热空气上升。随着电弧变长，电弧通过的阻力增加。当电弧向周围空气散发的热量大于电流提供给电弧的能量时，电弧将会自行熄灭。

背后的故事

圣经中有这样一个故事：雅各布在某地睡着后做了一个梦，梦中有个从地面延伸至天堂的梯子，借着梯子，雅各布在天堂之中见到了上帝，并且听从上帝的旨意由他统治某块土地。醒来后的雅各布心中肯定了上帝的存在，他的休憩之地就是天堂之门的所在。雅各布天梯就此代表了通往幸福世界的唯一路径，象征着美好希望和祝福。

两电极间不断攀升、周而复始的弧光放电现象，就犹如闪闪发光的梯子，所以就将这种放电现象叫做雅各布天梯。

身边的科学

日常生活中，电弧放电常常应用于焊接、熔炼、照明、喷涂等。这些场合主要利用了电弧的高温、高能量密度和容易控制等特点。高压放电是电力设备绝缘劣化的主要原因。据统计，绝缘劣化是导致电力系统事故的第二大原因，影响范围广，停电时间长，经济损失巨大，直接威胁电力系统的安全稳定运行。因此，检测电力设备的放电具有至关重要的现实意义。

手蓄电池

眼前的现象

　　展品由传导棒及支架组件等构成，两组传导棒各由三种金属（钢、铜、铝）制成。用有机玻璃和聚氯乙烯板构建一个封闭式的防护罩，内部有支架、刻度板及检流计（微电流计）。双手分别握住两边不同材料的传导棒就会产生电流，检流计指针就会发生偏转。

▲　手蓄电池效果图

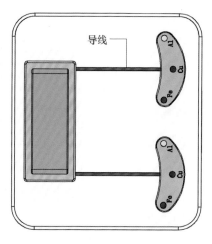

▲　手蓄电池结构俯视图

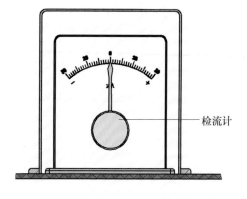

▲　手蓄电池结构剖面图

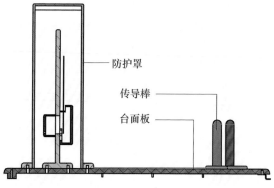

其中的奥秘

人手上带有作为电解质的汗液，其中含有正负离子。当观众两只手分别握住不同的金属棒时，会形成闭合回路，汗液与金属发生化学反应，电子将会在不同的金属间转移，从而产生电流，检流计指针发生偏转。

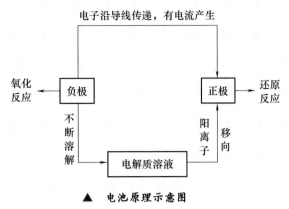

▲ 电池原理示意图

背后的故事

1786 年的一天，意大利解剖学家伽伐尼解剖一只青蛙时，不小心用手里不同的金属器具同时触摸了青蛙的大腿，青蛙腿上的肌肉立即抽动，好像受到电流的刺激。然而，如果只有一个金属器具接触到青蛙，就不会有这样的反应。伽伐尼认为这种现象是由动物体内产生的一种电流引起的，他称之为"动物电"。伽伐尼的这一发现引发了物理学界的浓厚兴趣，学者们纷纷对伽伐尼的实验进行重复，希望可以找到电流产生的机理。意大利物理学家伏特在多次实验后得出结论，青蛙肌肉能够产生电流的原因可能是肌肉中的某些液体在起作用。为了证明他的观点，伏特将两种不同的金属片浸入不同的溶液中进行实验。结果表明，只要两个金属片中的一个与溶液发生化学反应，金属片之间就会产生电流。之后伏特成功制造了一种叫作"伏特电堆"的电池。

身边的科学

如今，电池的种类和形式越来越多，从最早的铅蓄电池、铅晶体电池，到铁镍电池、铅酸电池、太阳能电池和锂电池等。同时，电池的应用范围愈发广泛，容量愈发大，性能愈发稳定，充电愈发方便快捷。特别是锂电池的研究与应用在最近 30 年里取得了巨大的进步，计算机、计算器、照相机和手表的电池都是锂电池。同时，锂电池也广泛应用于汽车、机器人、手机等行业。

三相交流发电机

眼前的现象

展品设置两个轴承座，轴承座内设轴承，轴承座中间立有基座，基座内壁均匀分布三个线圈，基座外侧均布三个 LED 灯，每个线圈都与最近的 LED 灯组成回路。基座内穿插可自由转动的转轴，转轴上装有磁铁，转轴一侧设置可转动的手轮。转动手轮，带动磁铁旋转，可观察到与线圈相连的 LED 灯亮了起来。

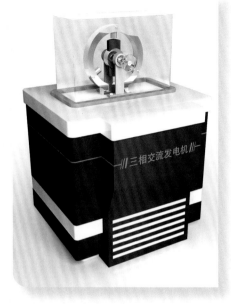

▲ 三相交流发电机效果图

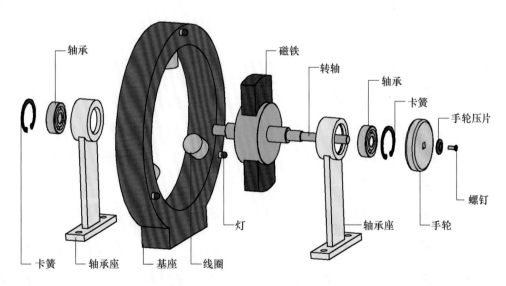

▲ 三相交流发电机结构图

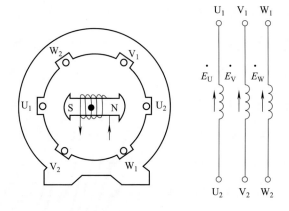

▲　三相交流发电机原理示意图

其中的奥秘

如图所示，三相交流发电机产生三相交流电。它主要由转子和定子两部分组成，旋转部分叫转子，当直流电流通过转动的转子线圈时，在空间产生一个按正弦规律分布的磁场。外侧的固定部分称为定子，相同结构的三个线圈嵌在定子的铁心槽中，它们在空间上相距120°，称为三相定子绕组。U_1、V_1 和 W_1 被称为三个绕组的起始端，U_2、V_2 和 W_2 被称为末端。当发动机驱动转子以一定的角速度匀速旋转时，三相定子绕组将切断磁力线并感应出电动势。由于磁场按正弦规律分布，感应电动势为正弦电动势，而三相绕组结构相同，磁力线切割速度相同，位置差为120°，因此三相绕组感应电动势幅度相同，频率相同，相位差为120°。

背后的故事

公元1831年，法拉第发现电和磁场之间有着某些密切的关系。他发明了第一台发电机的原型，并用它来发电。在此之前，所有的电都是由静电机器和电池产生的，它们都不能产生巨大的能量。法拉第的发电机改变了这一切。

身边的科学

三相交流电在生活中有着非常广泛的应用，在发电、输配电以及电能转换成机械能等方面都有着明显的优越性。制造三相发电机、变压器都较制造单相发电机、变压器省材料，而且构造简单，性能优良。在输送同样功率电的情况下，三相输电线较单相输电线可节省25%有色金属，且电能损耗少，因此应用极为广泛。

美丽的辉光

眼前的现象

展品主要由背景墙、支架和辉光盘组成。用手触摸盘面并移动，辉光会被手吸引着移动。

其中的奥秘

辉光盘内充有低压惰性气体，中心装有高频高压电极。由于电场很强，惰性气体相对较稀薄，所以在高压电极通电之后，会出现惰性气体

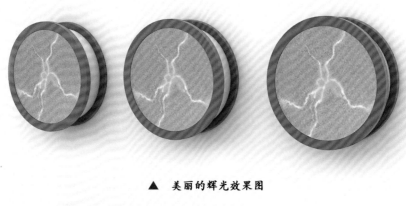

▲　美丽的辉光效果图

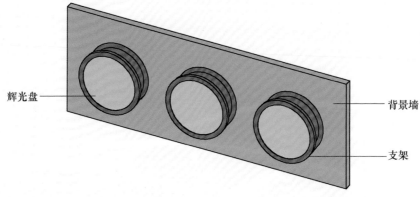

辉光盘　　　　　　　　　　　　　　　　　　　　　　背景墙

支架

▲　美丽的辉光主视图

被电离激发而散发的美丽辉光。在惰性气体中，氦发出粉色光，氩发出蓝紫色光，氖发出红色光。当手放在辉光盘上时，在手和电极之间形成放电通道，辉光在这个区域加倍明亮。当手指在光盘片上移动时，放电通道也随之移动。

背后的故事

从 1831 年到 1835 年，法拉第在研究低压放电时发现了辉光放电现象和法拉第暗区。1858 年，普吕克尔在研究 1/100 托（1 托 =133.32 Pa）的辉光放电时发现了阴极射线，成为 19 世纪末粒子辐射和原子物理学研究的先驱。低压低温等离子体技术已经取得了很大的进展，但是要抽真空，设备投资所需资金大，操作手段复杂，不适合工业化连续性生产，这些限制了其广泛应用。长期以来，人们一直试图实现大气压下的辉光放电。

身边的科学

次大气压辉光放电技术已经成熟并应用于工业生产。次大气压辉光放电可以低成本、短流程、高气体含量、高功率密度和高效率处理各种材料，可用于表面聚合、表面接枝、金属氮化、冶金、表面催化、化学合成、纺织品的表面处理等。

神秘的磁力

眼前的现象

展品主要由一端固定于展台台面上的铁链及两个手轮和可沿升降丝杠上下移动的强磁铁两部分构成。其中一个手轮控制磁铁升降，另一个手轮控制磁铁左右转动。通过转动手轮控制强磁铁的升降及摆动，可观察吸引铁链和其端部手模型的磁力现象。通过控制强磁铁距离铁链的远近来改变强磁铁对铁链的磁力大小，使铁链可以"站起"或"倒下"。通过旋转另一个转轮来改变铁链的位置，从而使铁链的受力位置改变，在强磁铁的作用下，铁链会随之左右摆动。

▲ 神秘的磁力效果图

其中的奥秘

我们称物体能吸引铁、钴、镍和其他物质的性质为磁性。当磁铁和铁链的距离足够接近时，磁铁就会吸附铁链。当磁铁的高度大于铁链的长度时，铁链将与磁铁分离。由于磁力继续通过分布在磁铁附近空间的磁场起作用，铁链仍然会被磁铁吸引并停留在空中。当磁铁和铁链之间的距离进一步变远的时候，磁铁的吸引力将不够克服铁链的重力，于是铁链脱落。

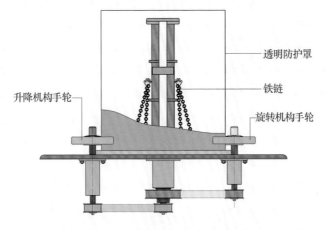

升降机构手轮

透明防护罩

铁链

旋转机构手轮

▲ 神秘的磁力结构正视图

升降　　　　旋转

▲ 神秘的磁力结构俯视图

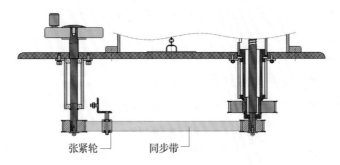

张紧轮　　同步带

▲ 神秘的磁力升降机构结构剖面图

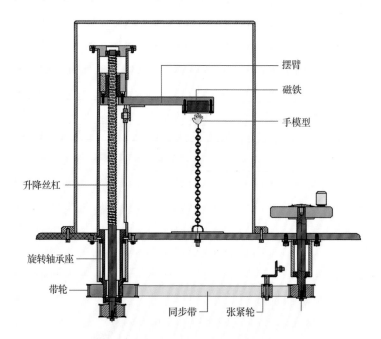

摆臂

磁铁

手模型

升降丝杠

旋转轴承座

带轮

同步带　　张紧轮

▲　神秘的磁力旋转机构结构剖面图

背后的故事

在先秦时期，我们的祖先在寻找铁矿石时经常会遇到磁铁矿，主要成分是四氧化三铁。这些发现最早记录在《管子·地数》中，其他古籍比如说《山海经》中也曾有过相似的记载。《吕氏春秋》有这样一句话："慈招铁，或引之也。"当时，人们称"磁"为"慈"，他们认为磁铁对铁的吸引力就像慈母对孩子的吸引力一样。在汉代，人们习惯把磁铁写成"慈石"，意思是慈爱石头。

西汉时期，有一个叫栾大的炼金术士。他用磁石的特性做了两个棋子般的东西。通过调整两个棋子的极性位置，使它们有时互相吸引，有时互相排斥。栾大称之为"斗棋"。他把这种新奇的东西献给了汉武帝，汉武帝非常惊讶和高兴。他把栾大封为五利将军。

身边的科学

尽管人类早就认识到了磁现象，但直到现代，人们才逐渐系统化地理解磁现象，并发明了无数电磁仪器，如电话、收音机、发电机、电动机等。如今，磁性技术在我们日常生活和工农业的各个方面都有所涉及，我们越来越离不开磁性材料了。

静电乒乓

眼前的现象

展品主要由竖直放置的两块平行球拍状导体平板和一个悬挂于它们之间的涂覆金属膜的乒乓球组成。按下按钮，可以看到金属小球在两个球拍之间不停地来回摆动。

▲ 静电乒乓效果图

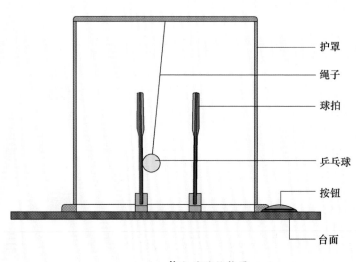

护罩

绳子

球拍

乒乓球

按钮

台面

▲ 静电乒乓结构图

其中的奥秘

当带电物体和不带电导体相互靠近时，由于电荷之间的相互作用，导体中的电荷将重新分布，异性电荷将被吸引到带电体附近，同性电荷将被排斥到远离带电体的导体的另一端。

该装置将两个球拍状导体板与高压静电电源的正负极相连。高压电源接通后，两个球拍状导体板之间产生水平方向的电场。静电感应使乒乓球与某个球拍相碰，并带上了与该球拍相同的电荷。由于同种电荷相互排斥，乒乓球在被排斥弹回的同时，在电场力的作用下，飞向另一球拍。当乒乓球接触另一球拍时，所带电荷首先会被中和，然后又会带上与该球拍相同的电荷。同样，同种电荷相互排斥，乒乓球又会被排斥弹回，并在电场力的作用下往另一个球拍飞去……静电场对飞行中的带电乒乓球所做的功补充了空气阻力因素所造成的能量消耗，使乒乓球可以在两个球拍之间连续地来回摆动。

背后的故事

古希腊孕育了西方电磁学，在古希腊文献中屡次出现电磁现象的记载。柏拉图提到琥珀和磁石的吸引是观察到的奇事，这表明古希腊人在公元前 300 多年就发现了琥珀吸引小物体的现象。

大约在 2500 年前，古希腊哲学家泰勒斯在研究天然磁铁的磁性时，发现使用丝绸和法兰绒摩擦琥珀后会出现类似于磁石吸引小物体的现象。泰勒斯由此成为了历史记载中第一个静电实验者。

身边的科学

利用静电可以消除烟气中的煤尘，静电技术也可以用来快速方便地复印书籍、资料和文件。高压静电还可以促进白酒的生产，酸醋和酱油的老化，使陈酒、醋和酱油的味道更纯正。

无形的力

眼前的现象

展品由展台、起动按钮、线圈、金属杆、铝环、防护罩等组成。按下起动按钮后，会看到铝环沿着金属杆向上跳跃起来。

其中的奥秘

按下起动按钮之后，底部线圈通电会产生磁场，铝环在该磁场的作用下产生了涡电流。同时，铝环中的涡电流会产生与线圈磁场方向相反的磁场，二者相互排斥，这就使得铝环跳跃起来。

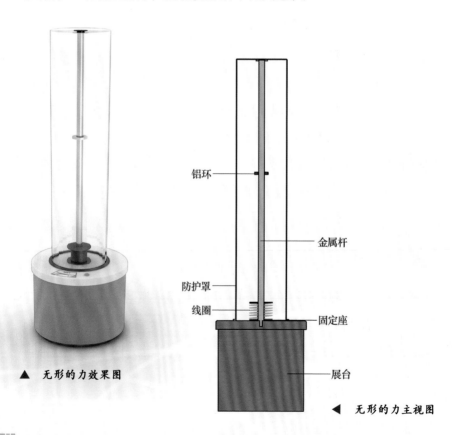

▲ 无形的力效果图

铝环

金属杆

防护罩

线圈

固定座

展台

◀ 无形的力主视图

电磁感应现象是指导体置于可变磁通量下产生电动势的现象。这种电动势称为感应电动势或感生电动势。如果导体闭合形成一回路，电动势将驱使电子流动并形成感应电流（感生电流）。电磁感应的发现至关重要，被称为电磁学中最伟大的成就之一。它不仅揭示了电与磁的内在联系，而且为电与磁的相互转化奠定了基础，电磁感应的发现标志着一场重大的工业和技术革命的到来。

背后的故事

1820 年，奥斯特发现了电流的磁效应，这引起了科学界的注意。在收集研究资料的过程中，法拉第对电磁现象产生了浓厚的兴趣，于是开始转向电磁学的研究。他对电流的磁效应等现象进行了认真的剖析，认为既然电可以产生磁，那么磁也应该可以产生电。因此，他试图在静止的磁力对导线或线圈的作用中产生电流，但他的努力没有成功。经过多年的实验，法拉第终于在 1831 年发现，尽管一个通电线圈的磁力不会在另一个线圈中产生电流，但当通电线圈的电流刚刚接通或中断时，另一个线圈中的电流计指针会有轻微的偏转。经过反复实验，他发现当磁力改变时，另一个线圈中有电流产生。此外他还发现，两个线圈相对运动时，磁力的变化也会产生电流。就这样，法拉第最终通过实验揭示了电磁感应定律。

身边的科学

法拉第的发现为探索电磁学的本质扫清了道路，并开辟了一条在电池外产生电流的新途径。电磁感应现象的发现是电和磁相互转化的理论基础，基于此，生活中出现了很多发明应用，比如我们熟悉的发电机、电磁炉以及普及度在不断提高的无接触式充电电池等。

温柔的电击

眼前的现象

展品设置固定台面板,台面板上从左到右依次设置测试台、电流表、手摇发电机。将左手放置到测试台上,右手旋转手柄摇动手摇发电机,越摇越快时会感受到左手有电流电击。

▲ 温柔的电击效果图

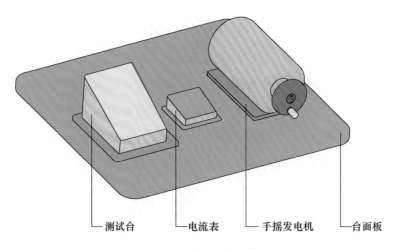

└测试台　　└电流表　　└手摇发电机　└台面板

▲ 温柔的电击结构图

其中的奥秘

人体属于导体,当极其微弱的电流通过人的身体的时候,人体并没有什么异样的感觉。随着电流值的加大,人会明显感觉到麻木。一般情况下,交流电 10 mA,直流电 50 mA 是人体能承受的最大电流。当人体通过 0.6~1.5 mA 的交流电流时,人体开始有感觉,手轻微颤抖,通过该范围内的直流电流则没有感觉;当通过 2~3 mA 的交流电流时,手指会强烈颤抖，通过该范围内的直流电流则没有感觉；当通过 5~7 mA 的交流电流时，手部会轻微痉挛，通过该范围内的直流电流则有痒和热的感觉。

背后的故事

很多电工在触碰常规带电物体时，都会先用手背去摸，而不是直接抓握。这是为什么呢？因为电击会使生物肌肉收缩，如果用手抓握带电物体，一旦被电，导致肌肉收缩，手就会呈现紧握的状态，从而无法脱离带电物体导致触电事故的发生。而用手背触摸带电物体，如果有电，就可能会把人的手弹开。但是从安全用电的角度出发，建议用专用仪器设备检测漏电情况，禁止用身体触碰带电物体。

身边的科学

电流刺激在医疗领域有着许多应用。电流刺激可用于心理学实验，以电流对被试机体进行刺激，观察其行为效应，也经常在生理心理、学习心理、临床医学心理乃至社会心理研究方面被应用。电击可用于电疗，又称无抽搐电休克治疗。在治疗过程中，医生用电休克机以微弱、短暂的电流刺激精神病人的大脑，使病人失去知觉，全身抽搐，从而控制精神症状。目前，电疗因其疗效好、见效快、无药物副作用等优点，已成为精神病学中最常用的非药物治疗方法之一。

怒发冲冠

眼前的现象

展品主要由导电球、静电发生器、护栏、绝缘站板和地台组成。人站在地台的绝缘站板上去手摸导电球，头发就会直立起来。

▲ 怒发冲冠效果图

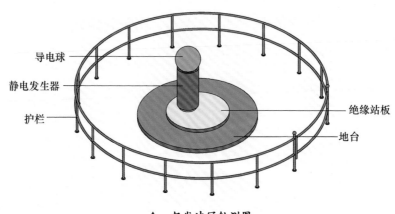

导电球

静电发生器

护栏

绝缘站板

地台

▲ 怒发冲冠轴测图

其中的奥秘

装置利用高电压技术使导电球产生高压静电，利用导体静电平衡的特点，电荷分布在球壳外表面。人站在绝缘站板上，手与导电球相接触，人体就和导电球同等电位，人体表面也会聚集同样的电荷，头发上聚集的电荷最多，由于同种电荷相互作用，头发就因此散开并竖立起来了。伴随着电荷的不断积累，球壳上的电位逐渐升高到 200 kV 为止，达到动态平衡。虽然球体上的电位高达 200 kV，但人安然无恙，这是因为人体和高电压球壳处于相同的电位，不会产生放电或强电流通过人体的情况。

背后的故事

古希腊学者泰勒斯在公元前 6 世纪发现琥珀在与毛皮摩擦之后可以吸引绒毛、稻草等小物体。英国医生吉尔伯特在 16 世纪通过实验研究把这种现象叫作"电"。英语中的"电"一词是从希腊语"琥珀"演变而来的。18 世纪，法国学者杜伐认识到有两种不同性质的电：一种来自用毛皮摩擦的松香，被称为"松香电"；另一种来自丝绸摩擦的玻璃棒，被称为"玻璃电"。这实际上就是我们现在所说的正负电荷。

身边的科学

静电复印机是利用静电正电荷和负电荷相互吸引的原理制造的。直接复制是早期的复印机采用的方法。首先，在复印纸上根据图片的深度加注相应的静电，深则电荷密度大，浅则电荷密度小，形成与图像特征相对应的静电图像。然后，黑色粉末被静电图像直接吸引，通过定影成为了复印品。

静电技术应用于生活中的方方面面。除上述应用外，还在农业选种、喷洒农药、人工授粉、人工降雨、采矿、喷淋、纺丝、原油脱水、海水脱盐、防尘防垢等方面发挥不可替代的作用。人们已经逐步实现了利用静电原理制作各种仪器。然而，静电技术在应用中还存在许多问题，需要进一步探索。

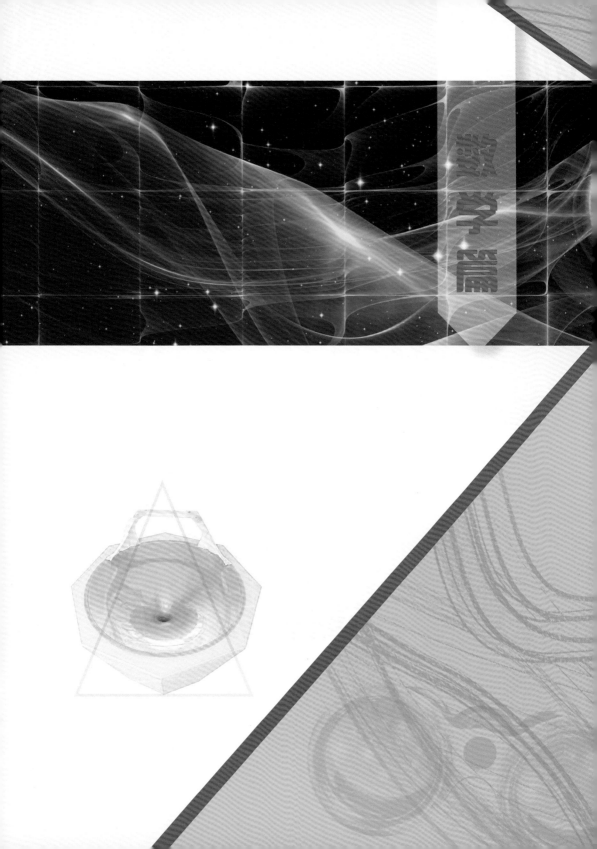

双曲线槽

▲　双曲线槽效果图

眼前的现象

　　展品由与中心轴成一定角度并可绕中心轴转动的直杆和与中心轴固定连接的有机玻璃板构建而成，其中有机玻璃板上有经计算加工形成的双曲线槽。沿着中心轴缓慢旋转倾斜一定角度的直杆，可以清楚地看到直杆穿过弧形槽，平面上的弧形称为双曲狭缝。

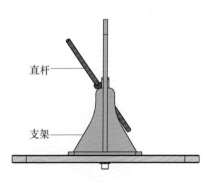

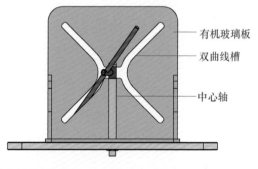

▲　双曲线槽结构图

其中的奥秘

　　直杆为什么能穿越弯曲的槽呢？

　　这是因为当直杆旋转时，在空中会画出一个双曲面立体圆形，沿着曲线边缘从上至下画出的线称为双曲线。刻在平板上的曲线是双曲线，与直杆画出的双曲线相符合，所以直杆可以顺利通过平板上的双曲狭缝。

双曲狭缝是一种有趣的图形，当一根倾斜的直杆绕着 z 轴旋转时，其产生的单叶双曲面会被垂直于 x、y 的平面相切。单叶双曲面方程为：

$$\frac{x^2}{a^2} + \frac{y^2}{b^2} - \frac{z^2}{c^2} = 1$$

如果曲面上任意一点上均有至少一条直线经过，我们就称之为直纹曲面。圆柱面、圆锥面都是直纹曲面。

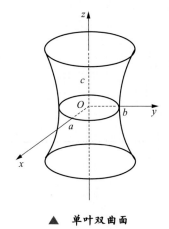

▲ 单叶双曲面

背后的故事

在几何学中，单叶双曲面（有时又称旋转双曲面或圆形双曲面）是通过围绕其主轴旋转双曲线而产生的表面。

双曲线是阿波罗尼奥斯所发现的，他是古希腊继欧几里得之后最重要的几何学家，代表作有《圆锥曲线论》。

身边的科学

单叶双曲面由于良好的稳定性和美观性，常被用于一些大型建筑结构中，如电厂的冷却塔和电视塔。之所以可以用直钢梁来建造，是因为单叶双曲面是一种双重直纹曲面，这样，风阻就会减小。同时，可以用最少的材料保持结构的完整性。

滚出直线

眼前的现象

展品由外齿圈、内齿轮、连杆机构、同步带、直线槽等组成，其中内齿轮的直径和外齿圈的半径相等。外齿圈固定于台面板上，内齿轮与外齿圈相切并通过连杆机构由手轮驱动沿外齿圈做纯滚动，内齿轮外缘固定的模型将会沿着直线槽做往复运动。

▲ 滚出直线效果图

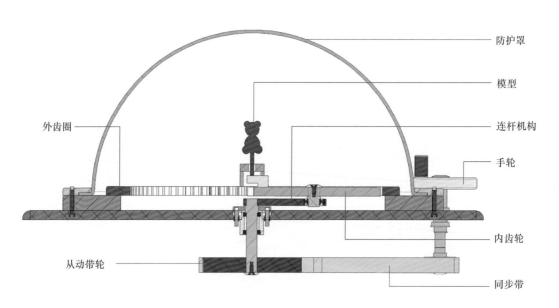

防护罩

模型

连杆机构

手轮

外齿圈

内齿轮

从动带轮

同步带

▲ 滚出直线结构剖面图

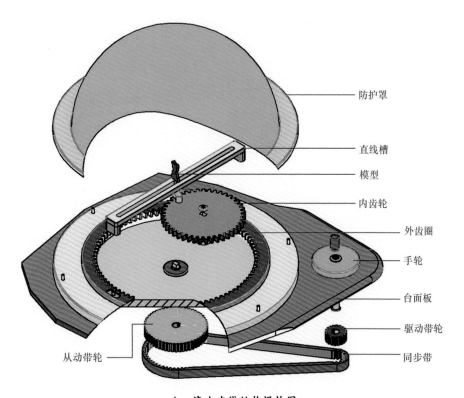

防护罩

直线槽

模型

内齿轮

外齿圈

手轮

台面板

驱动带轮

同步带

从动带轮

▲ 滚出直线结构爆炸图

其中的奥秘

内摆线是指一个动圆内切于一个定圆做无滑动的滚动时，动圆圆周上一个定点的轨迹。如果较小圆半径为 r，而较大圆半径为 R，则曲线的参数方程可以由下式给出：

$$x(\theta) = (R-r)\cos\theta + r\cos\left(\frac{R-r}{r}\theta\right)$$

$$y(\theta) = (R-r)\sin\theta - r\sin\left(\frac{R-r}{r}\theta\right)$$

背后的故事

鲍威尔在 1501 年出版的一本书中最早提到了摆线的概念。之后成批优秀的数学家都热衷于研究摆线的性质。

身边的科学

美国摆线公司寻求工件在自动线上进行工位间输送的较好方法时，深入研究了摆线原理，并将摆线运动运用到自动线上，如用于升降机构和储存装置，清洗与去毛刺机。

勾股定理

眼前的现象

展品设置一个立方体，立方体的三面分别为三组勾股定理展品。立方体正面凸出一个可以旋转的圆盘，圆盘上设置三个正方形，三个正方形的三条边构成一个直角三角形。在最大的正方形中充满有色液体。旋转圆盘，当旋转到特定位置时，可以看到有色液体可以充满一个大正方形，也可以同时充满两个小正方形，若三个正方形边长分别为：a、b、c，我们可以得到 $a^2+b^2=c^2$。立方体另外两面分别为锐角三角形和钝角三角形，通过转动圆盘会发现锐角三角形 $a^2+b^2>c^2$，钝角三角形 $a^2+b^2<c^2$。

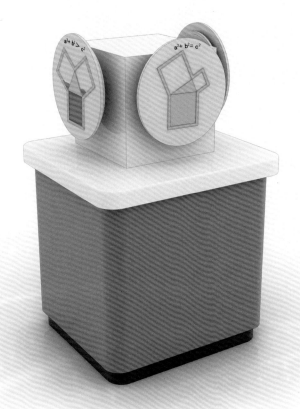

◀ **勾股定理效果图**

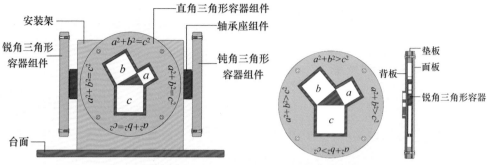

▲ 勾股定理组件结构图、锐角三角形主视图及剖视图

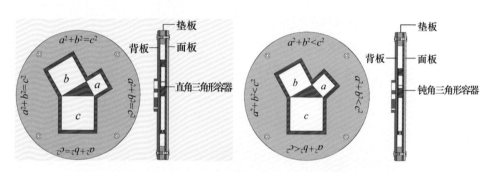

▲ 直角三角形主视图和剖视图、钝角三角形主视图和剖视图

其中的奥秘

勾股定理是一个基本的几何定理：在平面上的直角三角形中，两个直角边长度的平方和等于斜边长度的平方。假设直角三角形的两个直角边的长度是 a 和 b，斜边的长度是 c，那么可以用公式表示为：

$$a^2+b^2=c^2$$

由此可知，以直角边 a 为边长的正方形面积与以直角边 b 为边长的正方形面积之和，等于以斜边 c 为边长的正方形面积。

对于钝角三角形 ABC，设

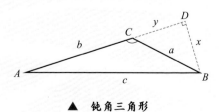

▲ 钝角三角形

∠C 为钝角，$AB=c$，$AC=b$，$BC=a$，过 B 点向 AC 作垂线，垂足为 D，设 $BD=x$，$CD=y$，则依据勾股定理：

$$c^2=(b+y)^2+x^2=b^2+y^2+2by+x^2$$

而根据勾股定理可知：

$$x^2+y^2=a^2$$

则：

$$c^2=a^2+b^2+2by > a^2+b^2$$

由此可知，在钝角三角形中，以钝角夹角边 a 为边长的正方形面积与以钝角夹角边 b 为边长的正方形面积之和，小于以钝角对边 c 为边长的正方形面积。

对于锐角三角形 ABC，取任意锐角（这里取 ∠C）顶点向 AB 作垂线，垂足为 D，设 $AB=c$，$AC=b$，$BC=a$，$BD=x$，$CD=y$，则依据勾股定理作如下推导。

在直角三角形 BCD 中：

$$y^2=a^2-x^2$$

在直角三角形 ACD 中：

$$y^2=b^2-(c-x)^2$$

即：

$$a^2-x^2=b^2-c^2-x^2+2cx$$

可得：

$$a^2+c^2=b^2+2cx>b^2$$

同理可得：

$$a^2+b^2>c^2$$

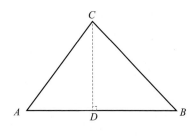

▲ 锐角三角形

由此可知在锐角三角形中，以锐角夹角边 a 为边长的正方形面积与以锐角夹角边 b 为边长的正方形面积之和，大于以第三边 c 为边长的正方形面积。

以上三个证明结果即为该展品展示原理，可由下图表示。

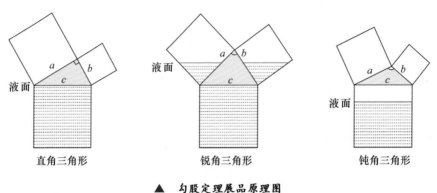

直角三角形　　　　　锐角三角形　　　　　钝角三角形

▲　勾股定理展品原理图

背后的故事

勾股定理是一个基本的几何定理，它的意思是直角三角形的两条直角边的平方和等于斜边的平方。在中国古代，直角三角形被称为勾股形，直角边中较小者为勾，较大者为股，斜边为弦，所以这个定理被称为勾股定理，也称为商高定理。

勾股定理是最重要的数学定理之一，是用代数思想解决几何问题的重要工具，同时也是数字与形状结合的纽带。中国西周的商高提出了"勾三股四弦五"的勾股定理特例。在西方，古希腊的毕达哥拉斯在公元前6世纪提出并证明了这一定理。

身边的科学

勾股定理在数学的发展中起着重要的作用，它可以解决许多日常生活中的应用问题，在现实世界中有着广泛的应用。工程技术人员在工作中就经常使用勾股定理，比如用勾股定理来计算农村房屋的屋顶构造，在工程图纸用勾股定理求与圆、三角形有关的数据。物理上也有广泛应用，例如用勾股定理来求几个力，或者物体的合速度、运动方向。

椭圆焦点

眼前的现象

展台上设置一个椭圆形的光滑平面并标识出两个焦点，围绕着椭圆形状有凸起的边框。其中一个焦点作为小圆环的出发点，另一个焦点上设置一个固定的凸起小圆环作为目标体。将小圆环放到出发点，在平面上弹射小圆环，可以发现，无论从哪个方向弹射，它接触一次椭圆形状的凸起边框后都会反弹至另一焦点处的目标体并发生碰撞。

▲ 椭圆焦点效果图

▲ 椭圆焦点结构图

其中的奥秘

在数学中，椭圆是平面内到定点 F_1、F_2 的距离之和等于常数（大于 $|F_1F_2|$）的动点 P 的轨迹，F_1、F_2 称为椭圆的两个焦点。其数学表达式为：$|PF_1|+|PF_2|=2a$（$2a>|F_1F_2|$）。这两个固定点称为焦点。根据这个

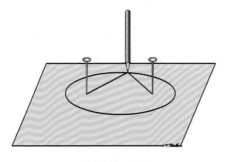

▲ 椭圆画法示意图

定义，可以如下画出一个椭圆：准备一条线，把线的两端系在两个点上（这两个点被认为是椭圆的两个焦点），拿一支笔拧紧线。这时，两点和笔形成一个三角形。拉动线，开始画，保持线绷紧，就可以得到一个椭圆形。

椭圆的一个焦点发出的光被椭圆的边缘反射，反射光会聚到椭圆的另一个焦点位置，这种现象就是椭圆的光学特性。因此，无论圆环从哪个方向弹出，它都会在椭圆边缘反弹后击中另一个焦点位置的目标。

背后的故事

阿波罗尼奥斯的《圆锥曲线论》首次提出了与圆锥曲线有关的著名术语，如椭圆、抛物线和双曲线，可以说是古希腊几何的杰作。直到16世纪和17世纪之交，开普勒才发现行星运动的三个定律，人们才知道行星围绕太阳的轨道是一个以太阳为焦点的椭圆。

在数学中，椭圆是在平面上围绕两个焦点的曲线，而且曲线上的每个点到两个焦点的距离之和都是永恒不变的。椭圆的形状由它的偏心率表示，可以是从 0（圆的极限情况）到接近但小于 1 的任何数字。

身边的科学

椭圆形镜面能将从一个焦点发出的全部光线反射到另一个焦点。椭圆透镜具有聚焦光线的功能，老花镜、放大镜和远视镜都是这样的镜片。

最速降线

眼前的现象

展台上设置了两组轨道，一组是由高到低的直线轨道，另一组是起始高度和结束高度与前一条轨道相同的最速降线轨道。参赛时，先将两个相同的球放到起始位置，然后向下拉手柄，同时释放小球。由于小球具有相同质量、相同体积、相同材料，在仅受重力作用时，小球沿最速降线下降到底部的时间最短，这条最速降线也叫摆线。展品还设置回球系统，小球下落到底后会滚回到起始点的下部。

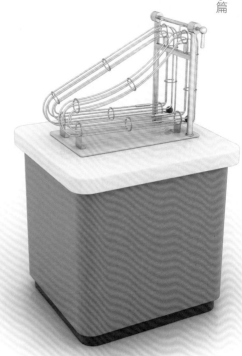

▲ **最速降线效果图**

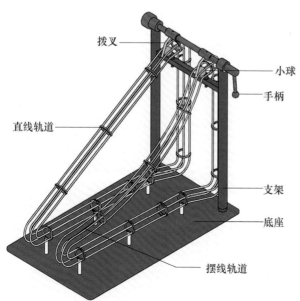

拨叉

小球

手柄

直线轨道

支架

底座

摆线轨道

◀ **最速降线轴测图**

其中的奥秘

在数学中，摆线是圆沿直线运动时，在圆边界上的一个不动点所形成的轨迹。摆线方程也是最速下降问题和等时下降问题的求解方法。

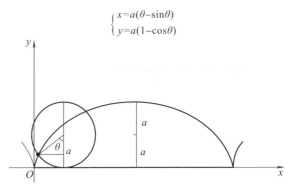

$$\begin{cases} x=a(\theta-\sin\theta) \\ y=a(1-\cos\theta) \end{cases}$$

▲ 摆线方程示意图

相同质量、相同体积、相同材料的小球，沿着不同形状的轨道同时下滑，摆线上的小球总是最先到达地面，这条摆线也叫最速降线。

背后的故事

1630 年，意大利科学家伽利略提出了一个基本的分析学问题：当一个质点在重力的作用下从一个给定点移动到另一个不垂直于它的点时，如果不考虑摩擦力，它从什么样的曲线滑下来的时间最短？他认为是圆形曲线，当然，这个答案是错误的。1696 年，瑞士数学家约翰·伯努利再次提出最速降线的问题，征求解答。次年，包括牛顿、莱布尼茨、洛必达和伯努利家族成员在内的许多科学家都对这个问题给出了正确答案。

身边的科学

最速降线在建筑中也有很好的应用。中国古代建筑的"大屋顶"，从侧面看，"等腰三角形"的两个腰不是直线，而是两条摆线。根据最速降线原理，在夏季遇到暴雨时，落在屋顶上的雨水可以以最快的速度流走，从而保护房屋。

正交十字磨

眼前的现象

　　展品设置台体、滑块、推杆等零件。当推杆顶端受力后，滑块可以在展台轨道内做支线往复运动，此时推杆绕着展台运动，推杆顶端的运动轨迹是一个椭圆。

▲　正交十字磨效果图

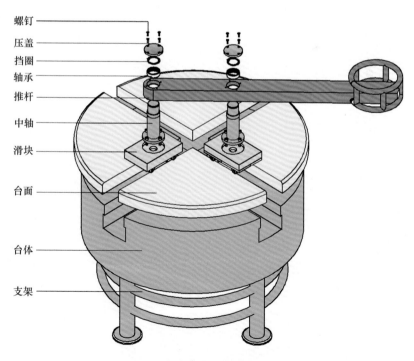

螺钉
压盖
挡圈
轴承
推杆
中轴
滑块
台面
台体
支架

▲　正交十字磨结构图1

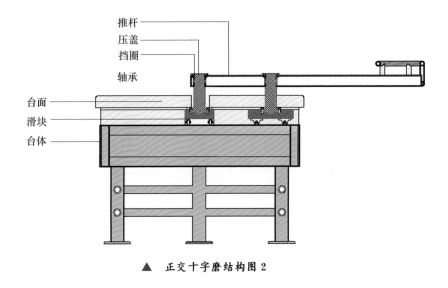

推杆
压盖
挡圈
轴承

台面
滑块
台体

▲　正交十字磨结构图 2

其中的奥秘

正交十字磨也称为卡尔丹机构椭圆规，如下图所示，以十字形轨道槽为直角坐标系，设两滑块中心点 A 与 B 间的距离为 $2r$，设 A 点坐标为 $(0，2y_0)$，设 B 点坐标为 $(2x_0，0)$。

则根据勾股定理可得

$$4x_0^2 + 4y_0^2 = 4r^2$$

设推杆顶端 P 的坐标为 $(x，y)$，设 P 点与 B 点间的距离为 s，则根据勾股定理可得

$$\begin{cases} (x-2x_0)^2 + y^2 = s^2 \\ (y-2y_0)^2 + x^2 = (s+2r)^2 \end{cases} \Rightarrow \begin{cases} x_0 = \dfrac{x-\sqrt{s^2-y^2}}{2} \\ y_0 = \dfrac{y-\sqrt{(s+2r)^2-x^2}}{2} \end{cases}$$

将上述结果代入 $4x_0^2 + 4y_0^2 = 4r^2$，整理后可得

$$\frac{x^2}{(s+2r)^2}+\frac{y^2}{s^2}=1$$

由上述公式可知，P点的运动轨迹为椭圆。

背后的故事

古希腊数学家门奈赫莫斯发现，利用垂直于圆锥的一条母线的平面去截不同角度的圆锥

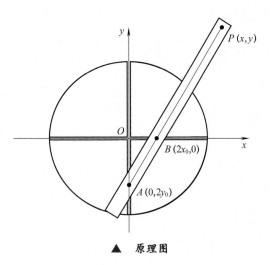

▲ 原理图

面得到三种不同的截线，分别为椭圆、抛物线和双曲线的一支，从此对椭圆的研究便正式开始了，一直到 18 世纪英国数学家斯蒂尔在其 1745 年出版的《圆锥曲线论》中首次给出了椭圆的方程式。

身边的科学

椭圆规是一种画椭圆的仪器，由一根直杆和一个支架构成。在直杆一端，有一个笔尖，杆上还有两个调节滑块（笔杆及滑块都垂直向下，与直杆垂直）。在支架上，有两条相交成直角的导向槽，把调节滑块分别放在其中，转动直杆，笔尖就会画出椭圆来。

猜生肖

眼前的现象

展品设置展台、说明牌、按钮、灯箱及图文贴板等零件。展台上有四组印有生肖图案的说明牌，在四组图中选出有自己生肖的那组并按下相应的按钮（可能会按几次按钮），选完后点击确认键，印有自己生肖图案的灯箱即会亮起。

其中的奥秘

通过二进制编码原理，我们

▲ 猜生肖效果图

可以准确地猜出生肖。二进制系统由"1"和"0"表示，其中"1"代表"是"，"0"代表"不是"。每个生肖由四位二进制编码组成，按一次按钮确定一位二进制编码，按四次按钮确定一个生肖编码。当按图选择的时候，会依据二进制的编码进行一定的转换，就可以"猜"出属相。如二进制编码1101代表"狗"，在四组图中依次分别选有自己生肖的那组并按下按钮，计算机据此判断出生肖"狗"。

背后的故事

二进制数据是由0和1这两个数码表示的数，基数是2，"逢二进一"是它的进位规则，借位规则是"借一当二"，这是18世纪德国数学、哲学大师莱布尼茨首先提出的。目前的计算机系统基本上采用二进制，

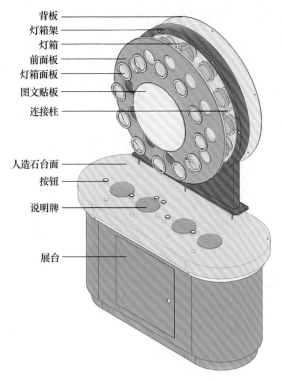

背板
灯箱架
灯箱
前面板
灯箱面板
图文贴板
连接柱
人造石台面
按钮
说明牌
展台

▲ 猜生肖结构图 1

数据主要以补码的形式存储在计算机中。计算机中的二进制系统是一个非常小的开关，1 表示"开"，0 表示"关"。

计算机的发明和广泛应用是人类文明史上第三次科技革命的重要成果之一。在计算机底层，处理器读取由"0"和"1"组成的一连串二进制指令，即机器码，计算机能够执行这些机器码的程序。处理器中有执行所有指令的电路，指令中的"0"和"1"

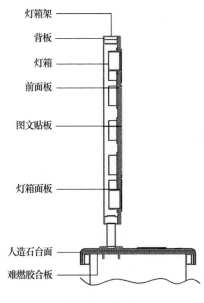

灯箱架
背板
灯箱
前面板
图文贴板
灯箱面板
人造石台面
难燃胶合板

▲ 猜生肖结构图 2

引起电晶体打开或关闭，当指令到达处理器时能使电路正确地被连接在一起。

身边的科学

相信大家都在街头见过算命摊位，算命先生会招呼生意，并且声称即使不开口也能算出你的姓氏，摊位上会摆有几张写满姓氏的纸张，如果算得不准就不要钱。实际上这并不是什么仙术，也不是神秘先知，算命先生只是和你玩一个数学游戏，而游戏的设计思路就和"猜生肖"游戏相似：巧妙运用了二进制的计算方法为每个姓氏进行编码。

梵天之塔

眼前的现象

展品设置展台、立柱、亚克力盘等，立柱安装在展台台面上。在每次只能移动一块亚克力盘的前提下，将某根立柱由上向下直径逐渐增大排列的亚克力盘，按照大亚克力盘在下，小亚克力盘在上的规则，将所有亚克力盘移动到另一根立柱上。每次移动亚克力盘计数一次，累计操作次数最少的判为成功。

▲ 梵天之塔效果图

其中的奥秘

梵天之塔所采用的是数学中的递推法，游戏要求每次只能移动一个亚克力盘，那么想要最快成功有没有最少的移动步数呢？

我们可以计算出移动 1 个亚克力盘需要的次数是 1 次，移动 2 个亚克力盘需要的次数是 1+1+1，即 3 次。移动 3 个亚克力盘需要的次数为 3 次移动 2 个亚克力盘 +1 次移动 1 个亚克力盘 +3 次移动 2 个亚克力盘，即 7 次，以此类推，我们可以得出结论，移动 n 个亚克力盘的次数是 2^n-1 次。

背后的故事

据传说，梵天是印度婆罗门教的三大神之一，也是创造之神。当他创造这个世界时，在印度北部的贝拿勒斯神庙放置了一块黄铜板。他在黄铜板上插了三个宝石针，在第一个宝石针上戴了 64 个金环。这些金环中最大的在底部，最小的在顶部，形成一座塔，人们称之为梵天之塔。

梵天告诉庙内的僧侣，无论是白天还是晚上，都应该有僧侣按照梵天的规定把三针之间的金环移来移去。这个规则也很简单，即一次只能移动一个金环，移动时只能将小金环移动到大金环的顶部，不能将大金环移动到小金环的顶部。最终目标是将 64 个金环全部移到第三个宝石针上。僧侣们还被告知，他们必须一代又一代地日夜移动金环，以维持天地自然的运转。

身边的科学

所谓递推法即凭借前后项之间的关系，从先前已知项（一或多项）

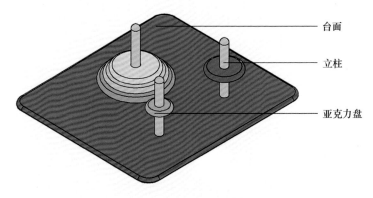

▲　梵天之塔结构图 1

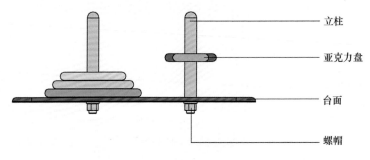

▲　梵天之塔结构图 2

推导出下一项，直到推导出最终结果。递推算法具有很多优点，例如：编程思路清晰、程序运行效率高、应用广泛等。递推算法是程序设计中的一种基础算法，它在许多程序设计教法中都有介绍，如著名的斐波拉契数列、多项式计算等，另外累加、累乘等都属于比较基础的递推算法。

二进制

眼前的现象

展品设置可不断循环运动的小球及多个带有分球拨叉滑块的轨道。转动手轮，小球可从上方出口落下，经过分球拨叉滑块，小球每次经过滑块都会左右摆动，路径发生改变，通过这个简单的装置就可以进行二进制计数，每下落一个小球，原来是0变为1，原来是1变为0。小球落到轨道底端后汇集到一处，可被提升至顶端再次进行循环运动。

▲ 二进制效果图

其中的奥秘

二进制系统在计算技术中有着广泛的应用。二进制数据是由两个数字0和1表示的。18世纪德国数学、哲学大师莱布尼茨发现它的基数是2，进位规则是"逢二进一"，借位规则是"借一当二"。目前的计算机系统基本上都采用二进制，数据主要以补码的形式存储在计算机中。计算机中的二进制系统是一个很小的开关，1为"开"，0为"关"。

数字电子电路中，逻辑门的实现直接应用了二进制。19世纪，爱尔兰逻辑学家乔治·布尔将这种逻辑命题的二进制思维过程转化为对符

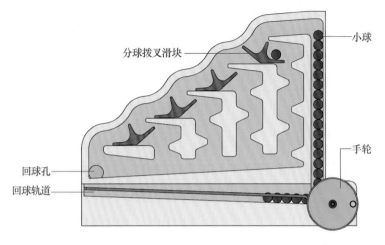

分球拨叉滑块

小球

手轮

回球孔

回球轨道

▲　二进制结构图

号"0"和"1"的代数运算。因为二进制只使用 0 和 1 两个数字，物理上容易实现，广泛应用在电子技术领域。

背后的故事

在德国图林根州著名的郭塔王宫图书馆里，有一份珍贵的手稿，上面写道："1 与 0，一切数字的神奇渊源。这是造物的秘密美妙的典范，因为，一切无非都来自上帝。"这是德国天才大师莱布尼茨的手迹。

布维是一位汉学家。他对中国的介绍是 17、18 世纪中国文化在欧洲学界受欢迎的重要原因之一。布维是莱布尼茨的好朋友，两人经常通信。莱布尼茨将布维的许多文章翻译成德语并出版。布维向莱布尼茨讲述了《周易》和八卦体系，并解释了《周易》在中国文化中的权威地位。八卦是由八个符号群组成的占卜系统，这些符号分为连续的和不连续的横线。在莱布尼茨眼中，这两个后来被称为"阴"和"阳"的符号是他的二进制的中文版本。他认为中国古代文化中的符号系统与他的二进制之间有明显关系，因此他断言二进制是世界上最完美的逻辑语言。

但实际上莱布尼茨搞错了，阴阳八卦与二进制并没有关系，二进制具有加减乘除运算，可见它可以与其他进制换算，但是阴阳八卦完全没有加减乘除，所以它不可以与其他进制换算。故两者只有表面上的相似，但是根本性质截然不同。

身边的科学

二进制主要应用于计算机当中，原因如下：

（1）工艺简单，计算机由逻辑电路组成；

（2）简化运算规则，两个二进制数和、积运算分别有三种组合，操作规则简单，有助于简化计算机内部结构，从而提高运算速度；

（3）适合逻辑运算；

（4）易于转换，二进制和十进制数字易于相互转换；

（5）用二进制来表示数据具有抗干扰能力强、可靠性高等优点。

力学篇

▲ 伯努利吸盘效果图

伯努利吸盘

眼前的现象

展品将一根不锈钢空心管折弯后立在台面板上，底部用波纹管与风机相连，出口处用法兰与有机玻璃导流管相连，台面上固定有机玻璃收纳盒，盒中有形状各异的吸盘若干。当按下起动按钮起动风机时，风从管道出口喷出。将吸盘托起，缓慢向出风口移动，尝试移开双手，使吸盘悬停在出风口。

其中的奥秘

在水流或气流里，如果流速小，压强就会大，如果流速大，压强就会小。

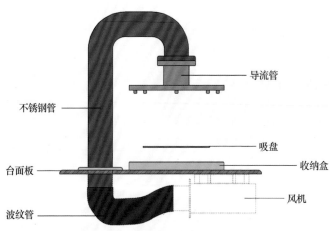

不锈钢管

导流管

吸盘

收纳盒

风机

台面板

波纹管

▲ 伯努利吸盘结构图

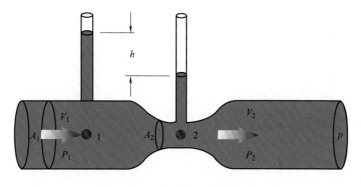

▲ 伯努利原理示意图

把空气吹到管子里。如果管的截面很小（在 A_2 处），空气流速会很大；如果截面很大（在 A_1 处），空气流速会很小。流速大的地方，压力小，流速小的地方，压力大。在大气压作用下，由于 A_2 处气压较小，右侧立管液位较低；同时 A_1 处气压较大，左侧立管液位略高。

互动展示时，吸盘上面靠近出风口，空气流速较大，压力小；下面空气流速较小，压力大。因此，上下两面的压力差产生了使圆盘悬停在出风口的升力。

背后的故事

1726 年，伯努利经过反复多次实验发现了"边界层表面效应"：当流体流速增加时，物体与流体界面上的压强将减小，反之，压强将增大。此效应适用于包括气体在内的所有流体，它是流体稳定流动的基本现象之一，反映了流体压强与速度的关系。其关系如下：流速越大，压强越小；流速越小，压强越大。

身边的科学

我们日常乘坐的飞机就是利用伯努利原理，机翼横截面形状上下不对称，机翼上方空气的流线密集，流速大，下方流线稀疏，流速小。根据伯努利方程，机翼上方的压强较小，下方的压强较大，这样就产生了机翼的升力。

哪个滚得快

眼前的现象

展品由滚轮和轨道支架组成，两个滚轮的质量和尺寸相同，但金属块在两个滚轮上的位置不同，所以质量分布也不同。将两个滚轮放在轨道的最高点，松开手柄，使两个滚轮同时滚下轨道。根据转动惯量原理，由于两个滚轮的质量分布不同，所以它们的转动惯量大小也存在差异。当旋转盘的质量分布接近轴的中心时，绕轴旋转更容易，速度更快。否则，转速变慢。

其中的奥秘

转动惯量是刚体绕轴旋转时的惯性（旋转物体保持其匀速圆周运动或静态特性）的量度。在经典力学中，转动惯量（又称质量惯性矩，简称惯矩）通常表示为 I。对于一个质点，$I = mr^2$，其中 m 是它的质量，r 是质点和转轴的垂直距离。转动动力学中，转动惯量的作用相当于线性动力学中的质量，形式上可以理解为物体转动的惯性。它用

▲ 哪个滚得快效果图

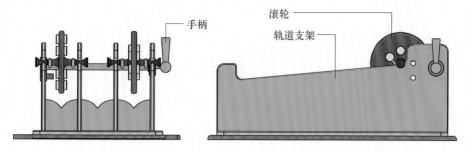

手柄

滚轮

轨道支架

▲ 哪个滚得快结构剖面图

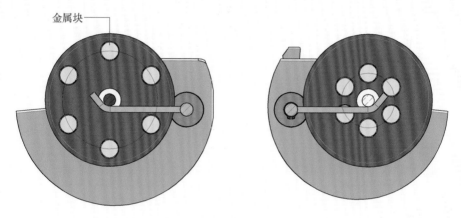

金属块

▲ 金属块布置图

于几个量之间关系的建立，例如角动量、角速度、力矩和角加速度等。

转动惯量仅仅取决于刚体形状、质量分布和旋转轴的位置，与刚体绕轴的旋转状态（如角速度的大小）没有关系。

背后的故事

在奥运会花样滑冰比赛中，当运动员想在空中快速转身时，总是先张开双臂，然后在起跳和旋转的瞬间收缩双臂，这样就能够做到快速转身。这是利用角动量来保持平衡。角动量＝转动惯量 × 角速度。当手臂收缩时，转动惯量减小，角速度就增加。因此，当运动员做空中旋转动作时，手臂都在收缩。

身边的科学

科学家利用转动惯量原理设计卫星、导弹和大型齿轮设备等装置。例如在工业生产中，通常要在机器转轮的外侧添加质量较大的转轮，通过它使机器的转速稳定。而且由于机器的转动惯量很大，外部力矩很难使机器产生角加速度。

科里奥利力

眼前的现象

展品由主轴、转盘、皮带、辊子和防护罩组成，皮带和辊子由电机驱动。

在大圆盘静止的时候皮带会绕轴做直线运动；当大圆盘转动的时候，在惯性作用下皮带仍想保持原来的直线轨迹，但是受到旋转系统中科里奥利力的影响，皮带的运动轨迹变成曲线。当皮带绕轴旋转的方向与大圆盘相同的时候，皮带向外突出；当方向相反之时则皮带向内凹陷。

▲ 科里奥利力效果图

其中的奥秘

由于受惯性的影响，在旋转系统中沿直线运动的质点往往会继续沿原来的方向运动，但由于系统本身是旋转的，经过一段时间的运动，质点在系统中的位置会发生变化，其原来运动趋势的方向也会发生变化，如果从旋转系统的角度观察，会有一定程度的偏差。

根据牛顿力学理论，以旋转系统为参照系，将质点的直线运动偏离原方向的趋势归结为一个外加力的作用，这就是科里奥利力。从物理学的角度看，科里奥利力和离心力一样，并不是惯性系中的真实力，而是

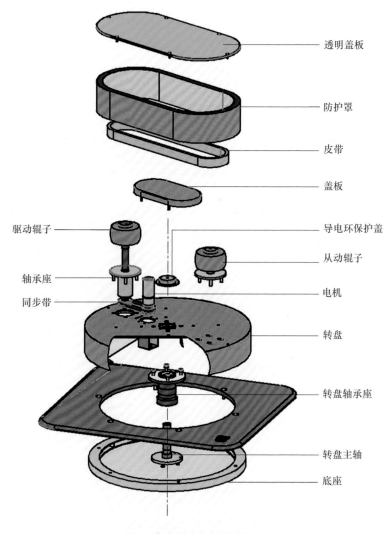

透明盖板

防护罩

皮带

盖板

驱动辊子

导电环保护盖

从动辊子

轴承座

电机

同步带

转盘

转盘轴承座

转盘主轴

底座

▲ 科里奥利力结构爆炸图

惯性作用在非惯性系中的体现，也是惯性参考系中引入的惯性力。地球
是一个旋转系统，也有科里奥利力。在地球科学领域，为什么北半球的
河流右岸更陡，南半球的左岸更陡；为什么大气不是径直流向低压中心，
而是最终在南北半球形成不同方向的气旋等，这些现象都可以由科里奥
利力给出合理的解释。

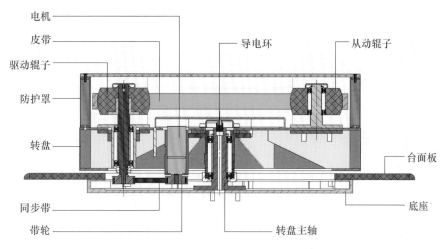

电机
皮带
驱动辊子
防护罩
转盘
同步带
带轮
导电环
从动辊子
台面板
底座
转盘主轴

▲ 科里奥利力结构剖面图

背后的故事

科里奥利是法国物理学家，他在 1836 年被评为法国科学院院士，1838 年开始在巴黎综合工科学校教授数学和物理。1835 年，科里奥利通过他的论文《物体系统的相对运动方程》提出，如果物体在匀速旋转的参考系中做相对运动，就会产生一种复合离心力（不同于通常离心力的惯性力）作用在物体上。后人以他的名字命名复合离心力为"科里奥利力"。

在《极地跨越》节目中，主持人曾在厄瓜多尔做了一个有趣的实验：他把一只水漏放在赤道线上，发现水从水漏中漏下时不会形成漩涡，而把它放在距赤道线仅几米远的北半球，却发现水漏下时形成逆时针旋转的漩涡，放在距赤道线仅几米远的南半球，漩涡的方向变为顺时针。这就是地球自转运动下的科里奥利力作用的现象。

身边的科学

　　人们充分利用科里奥利力原理，设计了一些测量和运动控制仪器。

　　可以用质量流量计来测量质量流量。让被测流体在旋转或振动过程中通过测量管，管内流体的流动相当于直线运动，测量管的旋转或振动会产生角速度。由于旋转或振动是由外部电磁场驱动的，且频率固定，流体在管内所受的科里奥利力仅与质量和速度有关，质量和速度（即流速）的乘积为待测质量流量。因此，可以通过测量管道中流体的科里奥利力来测量质量流量。

锥体上滚

眼前的现象

设置一条两根互成角度同时又与水平面成一定角度的轨道及一个双锥体，将双锥体放在轨道的低端，其会沿着轨道自动滚向轨道的高端。表面上看来，物体是由低向高进行运动的，但这其实是锥体的形状和导轨的高低不等造成的一种错觉。实际上，锥体重心自始至终还是在进行下降运动的。

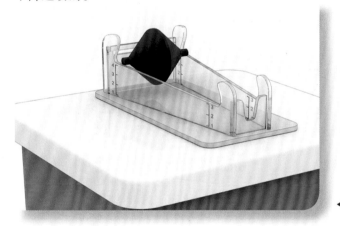

◀ 锥体上滚效果图

其中的奥秘

任何物体在重力场中，都受到重力的作用，重心都会有降低的趋势。双锥体虽然从不平行轨道的低处向高处自然滚动，但在滚动过程中，其重心位置的变化却是自高向低的。

在 V 形导轨的低端，两个导轨之间的距离很小，双锥体在这里有最高的重心和最大的重力势能；在 V 形导轨的高端，两个导轨之间的距离很大，双锥体在这里有最低的重心和最小的重力势能。因此，当双锥体从导轨的低端释放时，将沿着导轨从低端滚动到高端。在此期间，双锥体的重心逐渐降低，重力势能逐渐减小，当其滚动时，重力势能转

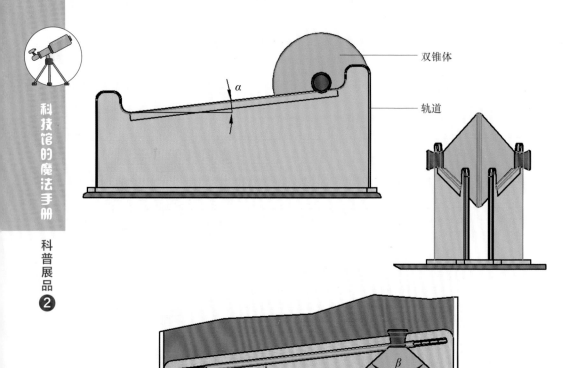

双锥体

轨道

▲ 锥体上滚结构图

化为动能，体现了机械能的守恒。

　　本展品影响锥体滚动的参数有三个：导轨的坡度角 α，双轨道的夹角 γ 和双锥体的锥顶角 β。β 角是固定的，夹角 γ 与 α 是可调的，计算表明，当 α、β、γ 满足 $\sin\alpha < \tan\dfrac{\beta}{2}\tan\dfrac{\gamma}{2}$ 时，就会出现锥体主动上滚的现象。

背后的故事

　　物体由于地球的吸引而受到的力叫重力。在近似情况下可以认为，重力的施力物体是地球，受力物体是地球上或地表附近的物体，若把物体假想分割成无数部分，则所有这些微小部分受到的地球引力将组成一个汇交点在地球中心的空间汇交力系。从效应的角度来看，可以认为对物体每个部分的引力效应集中在一个点上，这个点就是等效的引力作用点，称为物体的重心。当物体形状规则，质量分布均匀时，其重心就在它的几何中心处。重心不一定在物体上，例如圆环的重心就不在圆环上，而在它的对称中心上。

身边的科学

在我们的日常生活中，有些现象看似不可思议，但本质上都遵循科学规律。

在近地面地区，科学家用近似方法研究和应用重力。近似方法会忽略地球自转。重力近似等于万有引力，同一物体在任何地方都受到同样的万有引力，这样重力就近似为恒力。中学阶段的重力概念就是在这样的前提下建立起来的。采用近似方法，可以顺利地研究近地重力作用下的动力问题，尤其是抛体运动的问题。

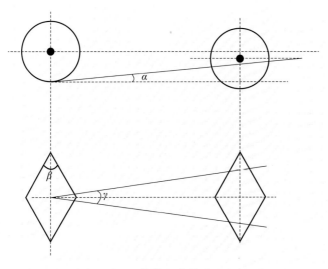

▲ 锥体上滚原理

听话的小球

眼前的现象

展品主要由离心风机、透明管路、泡沫球和按钮组成。按下按钮，随着风机的运行，泡沫球被从竖直管道的底部吹向顶部，在脱离竖直管路口后进入横放的U形管路，之后被带到竖直管路的底部，从而循环往复。

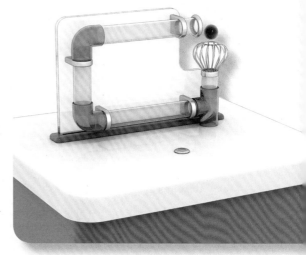

▲　听话的小球效果图

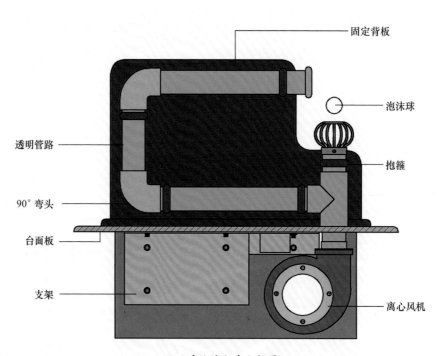

▲　听话的小球主视图

其中的奥秘

在流体系统中，如气流和水流，流速越快，流体产生的压力越小，这就是 1738 年丹尼尔·伯努利发现的伯努利原理，丹尼尔·伯努利被称为"流体力学之父"。伯努利原理适用于包括气体在内的所有流体，它解释了流体稳定流动的现象，反映了流体的压强和流速之间的关系。

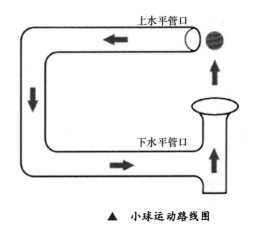

上水平管口

下水平管口

▲ 小球运动路线图

流动的空气遵循伯努利原理，简言之就是流速快的位置压强小，流速慢的位置压强大。由于风机吹出的空气从竖直管口底部经过时流速大，所以此处会形成负压区，这种负压经过 U 形管路传递到 U 形管的上口区域，从而使得小球在经过该位置时被周边空气压向 U 形管口。

背后的故事

1912 年秋，奥林匹克号在海上航行。在距离这艘当时世界上最大的远洋船 100 m 的地方，有一艘小得多的铁巡洋舰豪克号疾驶而来。两艘船似乎在竞争，彼此靠得很近，平行前进。突然，豪克号似乎被大船吸引一般。根本不听舵手的指挥，冲向奥林匹克号。随后，豪克号的船头与奥林匹克号的一侧相撞，造成一个大洞，导致一件重大海难事故。

根据流体压强和流速的关系，速度大，压强小，速度小，压强大。可以看出，如果两船靠得很近，并排向前移动，两船之间的流道变窄，

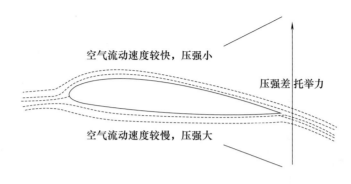

空气流动速度较快，压强小

压强差 托举力

空气流动速度较慢，压强大

▲　伯努利原理示意图

船体内侧的水流速度大于船体外侧的水流速度，船体外侧的压强大于船体内侧的压强。两船被水挤压相互靠近，很容易相撞。

身边的科学

伯努利原理最常见的应用就是在航空航天领域。为什么飞机能飞上天空？因为机翼受到的力向上。由于机翼横截面形状上下不对称，飞行中机翼周围空气的流线分布不均匀，机翼上方流线密集，流速大，下方流线稀疏，流速小。根据伯努利原理，机翼上方的压强较小，下方的压强较大。这种情况下就能产生作用在机翼上的升力。

动量守恒

眼前的现象

展品设置展台、框架、钢丝绳和钢球，框架安装在展台台面上。当某一边拉起的钢球被释放后，钢球受重力作用会回到最低点并且撞击它旁边的小球，由于小球都是紧密接触的，另外一边的小球就会弹起再落下，如此循环往复。

其中的奥秘

动量守恒定律是第一个被发现的守恒定律。假设系统没有外力或

▲ 动量守恒效果图

受到外力矢量和为零，那么系统的总动量就不会改变，这个结论被称为动量守恒定律。动量守恒定律是自然界最重要也是最常见的守恒定律之一，适用于宏观物体和微观粒子、低速和高速物体、保守和非保

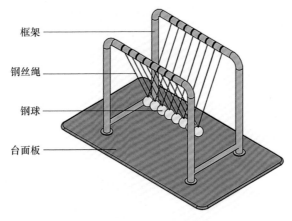

框架

钢丝绳

钢球

台面板

▲ 动量守恒结构图 1

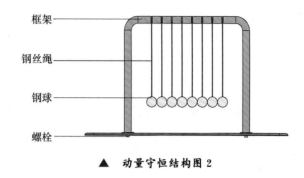

▲　动量守恒结构图 2

守系统。

背后的故事

十七世纪法国哲学家、数学家、物理学家笛卡儿曾经提出，质量和速率的乘积是一个量度运动的合适的物理量。

后来，牛顿对笛卡儿的定义做了一点小小的修改，即用质量和速度的乘积来代替质量和速率的乘积，从而得到一个适合描述运动的物理量。牛顿称这个量为"运动量"，现在我们称之为动量。笛卡儿忽略了动量的矢量性，没有找到合适的描述运动的物理量，但他的工作为后人继续探索奠定了良好的基础。

身边的科学

生活中有很多动量守恒的现象，例如，当一个人在静止的船上向前移动时，船向后移动；打夯机的转块绕机器中心旋转时，机身上下振动；火箭的喷射推进等现象都是动量守恒定律的表现。这些现象中的质点系是船和人、打夯机和转块、火箭和高速向后排放的燃烧气体。整个系统原来是静态的，但当系统的一部分在某一方向产生动量时，另一部分必然产生反向动量，以保持整个系统质心的位置不变。

气流投篮

眼前的现象

展品设置固定基座，基座上平面有倾斜一定角度的回球斜面，回球斜面四周有护栏。基座右侧竖立两个立柱，立柱上分别设置水平放置的横框和竖直放置的立框。基座左侧设置固定轴承座，轴承座内穿插可以转动的竖转轴，竖转轴上方有横转轴，横转轴上方有空心球壳，两个转轴可以使空心球壳前后左右一定范围内自由转动。球壳内有风机，上有把手和按钮，风机出风口设置风口护栏，风口护栏内放置一轻质球体。按下起动按钮，操纵把手，将球吹入框中。

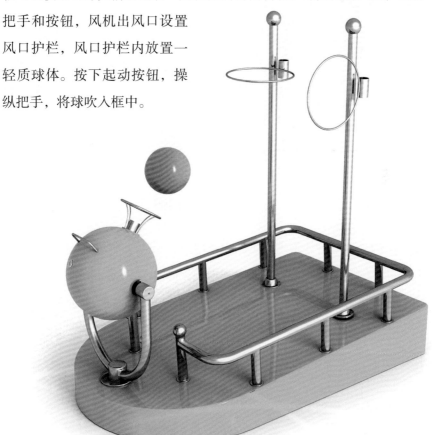

▲ 气流投篮效果图

其中的奥秘

在液流或气流中，如果流动的速度小，则流体压强大；反之流动速度大，则流体压强小，这就是伯努利原理。起动展品后，之所以在喷出的

小球 —
风口护栏 —
按钮 —
把手 —
风机 —
球壳 —
横转轴 —
竖转轴 —

竖框 —
横框 —

—— 轴承座 —— 护栏 —— 基座 —— 回球斜面 —— 立柱

▲ 气流投篮结构图

气流中的小球不会掉下来，是因为管内喷射出的气流流速大压强小，而周围静止的空气压强大，小球周围像有一圈看不见的力会把小球向中间压。再操纵气流喷管方向，调整风速，就可以控制高速气流束喷向小球的方向，小球便被托举进入框中。

背后的故事

丹尼尔·伯努利在 1726 年通过实验发现了"边界层表面效应"，也就是"伯努利效应"，于 1738 年提出了"伯努利原理"。伯努利的学术著作非常丰富，他的数学、力学著作和论文有 80 多种。1738 年，

他出版了他一生中最重要的著作《流体力学》。

关于伯努利的一个传说是这样的：在一次旅行中，年轻的伯努利和一个有趣的陌生人聊天。他谦虚地做着自我介绍："我是丹尼尔·伯努利。"陌生人立刻冷嘲热讽地回答说："那我就是艾萨克·牛顿。"伯努利认为这是他收到的最真诚的赞美，这使他直到晚年都非常欣慰。

身边的科学

伯努利原理在我们的生活中被广泛应用。例如，列车站台用黄色安全线标示。这是因为当列车高速驶来时，列车车厢附近的空气被带动从而快速运动，压强降低。如果站台上的乘客离列车太近，乘客身体前后会有明显的压强差，身体后面的较大压强会将乘客推向列车导致受伤。此外，伯努利原理还用于汽油发动机的化油器、喷雾器。

涡旋

眼前的现象

展品主要由台体、水箱及泵系统、上水管和透明管组成。按下按钮，泵开始运行，将水箱中的水送入上水管。沿着透明管的圆周方向切向往透明管内打水，和底部的下水管共同作用，形成了涡旋。

其中的奥秘

涡旋，有时被称为旋涡，是指一个小半径的圆柱体在静止的流体中旋转，使周围的流体做圆周运动的流动现象。一般来说，涡旋内部有一涡量的密集区，称为涡核，它的运动与刚体的旋转相似。在外部，流体的圆周速度与半径成反比；在内部，流体的圆周速度与半径成正比；在涡旋中心，流体的圆周速度为零。涡旋是飞行器绕流中的一种重要流动现象，对飞行器的空气动力特性有着重要的影响。一般

▲ 涡旋效果图

▲ 涡旋俯视图

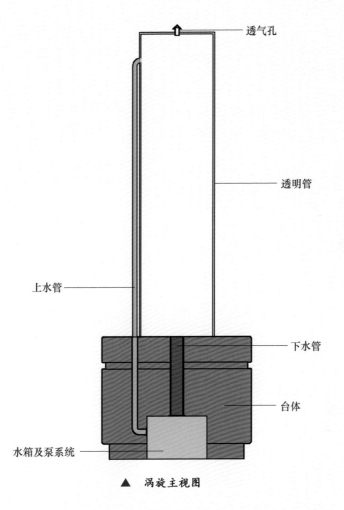

透气孔

透明管

上水管

下水管

台体

水箱及泵系统

▲　涡旋主视图

来说，流水形成的涡旋称为漩涡，大气形成的涡旋被叫作热带气旋
或龙卷风。

背后的故事

1925年3月18日，美国出现了速度96.6 km/h的最强龙卷风。它横
跨密苏里州东南部、伊利诺伊州南部和印第安纳州北部，全程354 km，
被称为"三州火龙卷"。龙卷风造成689人死亡，1 980多人受伤，造
成巨大经济损失。这是美国历史上最大的龙卷风，也是世界上最大的龙

卷风。

身边的科学

水漩涡排污装置利用自然现象，以水泵为动力，通过池侧定向射流喷嘴和导流板使池水产生旋流，最终形成涡旋，使尘粒、池水中的机械杂质和污染物收集到涡旋中心，达到集中排放的目的。

牛顿第一定律

眼前的现象

　　展品由平面上的小滑块及施力机构组成。小滑块放置在光滑平面上的一端，拉动手柄给滑块施加一个力，会发现小滑块会一直沿直线运动下去，从而展示了力是改变物体运动状态的原因。

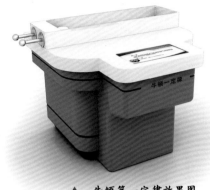

▲　牛顿第一定律效果图

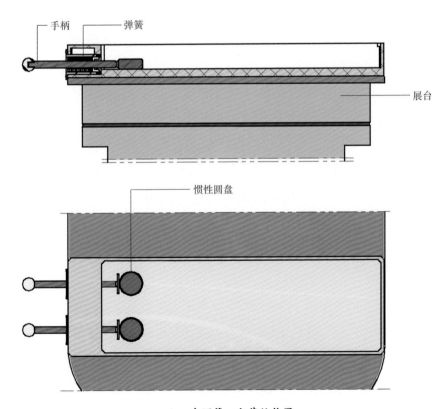

▲　牛顿第一定律结构图

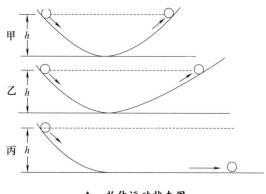

甲 *h*

乙 *h*

丙 *h*

▲　物体运动状态图

其中的奥秘

牛顿第一定律同时也被称为惯性定律。常见的完整表达如下：任何物体都保持匀速直线运动或静止状态，直到它被外力强迫改变其运动状态为止。

实际上，当一个球滚下斜面时，它的速度会增加，而当它滚上斜面时，它的速度会降低。伽利略的结论是：当球沿水平面滚动时，其速度不应增加或减少。事实上，他发现球在减速，最后停了下来。伽利略认为，这并不是因为它的"自然本性"，而是因为它的摩擦阻力，因为他还观察到，表面越光滑，球滚动得越远。所以他推断如果没有摩擦，球将永远滚动。

背后的故事

早在公元前 4 世纪，古希腊哲学家亚里士多德就指出：力是维持物体运动的原因，有力就有运动，没有力就没有运动。即便这不是一个正确的观点，也对动力学做出了巨大的贡献，因为这是第一个力与运动之间存在关系的论点。

17世纪，伽利略在他的作品中屡次提到类似惯性定律的看法。1632年和1638年，他分别在《关于托勒密和哥白尼两大世界体系的对话》和《关于力学和运动两种新科学的谈话》中记录了他的理想倾斜度实验，并得出结论："如果一个物体沿着一个光滑的倾斜度落下，沿着另一个倾斜度向上运动，则不受倾角影响，物体仍将达到相同的水平面，只不过需要不同的时间。"

1644年，笛卡儿在《哲学原理》一书中，弥补了伽利略的不足。他明确提出：除非物体受到外界因素的影响，否则将会始终保持静止或运动状态。他特别指出，惯性运动的物体永远不会使自己趋向曲线运动，而只能保持在直线上运动。

1687年，牛顿在笛卡儿和伽利略著作的基础上，撰写出了《自然哲学的数学原理》。他摆脱了旧思想的束缚，正式提出惯性定律。他提出了这样的看法，物体的固有属性是保持匀速直线运动状态和静止状态，并由此导出惯性参考系的概念。

身边的科学

牛顿第一定律在生活中有很多表现，如：石块在冰上可以滑动很长时间；人在跑步时没办法马上停下来；当汽车开动的时候人会向后仰。人们在生活中也经常应用到牛顿第一定律，如：利用拍打来清除身上的灰尘；利用滑雪板实现在雪地上的快速行进等。

牛顿第二定律

眼前的现象

展品在光滑台面上设置带有斜面的小车，在小车上放置一个球形重物，当推动球形重物沿着斜面滚落下来时，带给了小车沿轨道运动的力，从而使小车产生了加速度，小车加速前进。

◀ **牛顿第二定律效果图**

其中的奥秘

牛顿第二定律的一般表达是：物体的加速度大小与力成正比，与物体的质量成反比，与物体质量的倒数成正比；加速度的方向与力的方向相同。

牛顿第二定律可以用比例式来表示，即 $a \propto \dfrac{F}{m}$ 或 $F \propto ma$；也可以用等式来表示，即 $F=kma$，其中 k 是比例系数；只有当 F 以 N、m 以 kg、a 以 m/s^2 为单位时，$F=ma$ 成立。

背后的故事

1662 年，伽利略有了这样的看法：以任何速度运动着的物体，只要除去加速或减速的外因，此速度就可以保持不变。笛卡儿认为当没有外力作用影响时，物体只能有恒定速度运动和保持静止两种状态。

牛顿称这个假定为牛顿第一定律，并将伽利略的思想进一步推广到有力作用的场合，提出了牛顿第二定律。

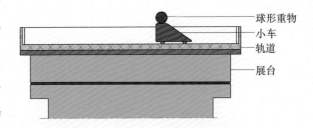

球形重物
小车
轨道
展台

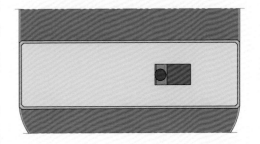

▲ 牛顿第二定律结构图

1684 年 8 月起，牛顿开始写作《自然哲学的数学原理》（简称《原理》），系统地整理手稿，重新考虑若干问题。1685 年 11 月，形成了两卷专著。1687 年 7 月，出版了拉丁文版本的《原理》。

1687 年牛顿在《原理》一书中提出了牛顿第二定律，说明了物体运动状态的变化和对它作用的力之间的关系。

身边的科学

在生活中我们发现用力推或拉物体，物体会瞬间获得加速度。例如在踢足球时，原来静止的足球受到力后，加速度改变，从而飞出；汽车起动时，静止站在汽车上的人也会跟着运动，就是因为受到了地板给人的摩擦力的作用。

牛顿第三定律

眼前的现象

展品设置一个可两边摇摆的跷跷板光滑斜面，斜面上有一小车，当小车从一边高处滚下撞击斜面的一端，在作用力与反作用力的作用下，小车碰撞后进行反弹，反弹到另一端压下斜面撞击另一端面并再次反弹回来，从而展示出力的本质：力是物体间的相互作用。

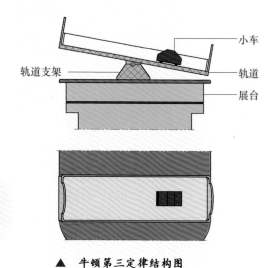

小车

轨道支架

轨道

展台

▲ 牛顿第三定律效果图　　　　▲ 牛顿第三定律结构图

其中的奥秘

牛顿第三定律的常见表述是：相互作用的两个物体之间的作用力和反作用力总是大小相等，方向相反，并且作用在同一条直线上。如下图所示，地面给物体 A 一个向上的支持力 F，同时，物体 A 给地面一个大小相等，方向相反的正压力 F'。表达式为 $F=-F'$。

研究物体之间相互作用和约束机制的定律是牛顿第三定律。研究的对象是两个及两个以上物体之间的相互作用。它总是可以分为几个两两相互作用的物体对。

作用力和反作用力是相互依存的。它们都把对方的存在作为自己存在的前提。没有反作用力的力是不存在的。力具有物质性，离开物体（物质）就不可能存在。两个或多个物体之间的相互作用产生力。

▲　作用力和反作用力

背后的故事

17 世纪中叶，碰撞成为科学界共同关注的课题，许多科学家致力于这一问题的研究。当时，笛卡儿对碰撞问题研究得比较早。1664 年，受到了笛卡儿的影响，牛顿开始研究两个球形非弹性刚体的碰撞问题。从 1665 年到 1666 年，牛顿研究了两个球形刚体的碰撞。他没有像其他科学家那样关注动量和动量守恒，而是关注物体之间的相互作用。对于两个刚体的碰撞，他提出："……于是在它们向彼此运动的时间中（就是它们相碰的瞬间）它们的压力处于最大值，……它们的整个运动是被此一瞬间彼此之间的压力所阻止，……只要这两个物体都不互相屈服，它们之间将会存在同样猛烈的压力。"

1665 年—1666 年，牛顿认识到了牛顿三大定律的全部内容，但 20 多年后，牛顿的三大定律之一才在《自然哲学的数学原理》一书中正式提出。1668 年—1669 年，惠更斯、沃里斯和雷恩对碰撞问题也做了大量的研究工作并且得到了一些重要的结论。惠更斯修正了笛卡儿不考虑动量方向性的错误，证明了两个刚体在碰撞过程中同一方向的动量保持不变，第一次提出了碰撞前后动量守恒。

身边的科学

生活中有很多利用到牛顿第三定律的设计：轮船后侧面吸水并经尾喷管喷出，以通过增加喷水量来获得更大的反作用力，提高推进效率。除此之外，牛顿第三定律还用于指导飞机、火箭和车辆等运动机械的制造设计，牛顿第三定律对提高它们的推进效率有很大的帮助。

缓慢的气泡

眼前的现象

展品设置 3 组互动实验，每组有 1 个按钮，分别对应相应的容器。3 个圆柱容器里面放置密度不同的三种液体。

按下展台上的按钮，通过打气装置向对应的容器底部打气，这时会看到有气泡从圆柱的底部冒出，而且不同的溶液中打出的气泡上升速度有所差异，同时气泡在上升过程中，因为压强的不断下降，气泡的体积会逐渐增大。

▼ **缓慢的气泡效果图**

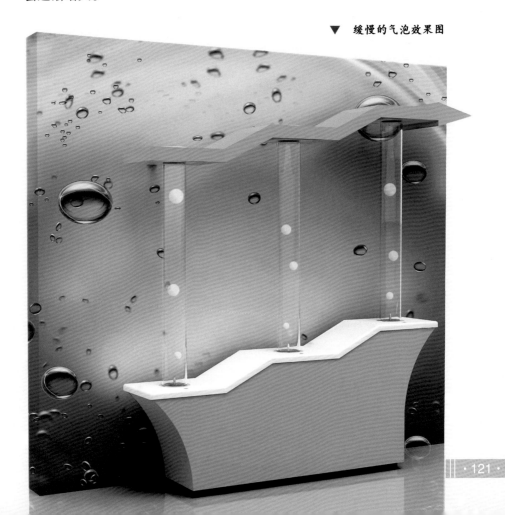

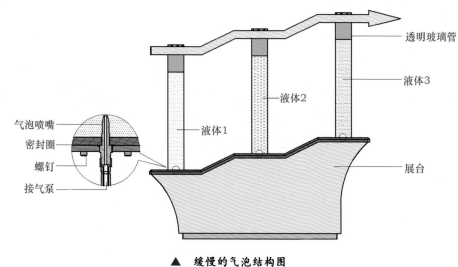

气泡喷嘴
密封圈
螺钉
接气泵

液体1

液体2

透明玻璃管

液体3

展台

▲ 缓慢的气泡结构图

其中的奥秘

　　流体流动时产生内摩擦力的性质称为流体的黏性，而度量流体黏性大小的物理量称为黏度。不同性质的流体黏度也是不相同的，我们可以直观地感觉到许多液体的黏度比水大得多。流体底部气泡受到流体压力向上运动，由于流体的黏性，其上升很缓慢，又因为上升过程中压力不断减小，气泡的体积也就不断增大。

　　与固体相比，气体和液体的形状会随着容器的变化而变化，这是因为流体中分子层之间的相对滑动会导致整体形状的变化。由于不同流体分子结构具有差异性，黏稠的流体比较不容易流动。黏稠流体的分子结构导致了不同流动层之间存在阻力，这种阻力阻碍了相对运动，被称为黏滞阻力或内摩擦力。影响流体正常流动的因素正是黏滞阻力。

背后的故事

牛顿在《自然哲学的数学原理》中对几乎所有普通流体的黏性性状进行了描述：流体的两部分由于缺乏润滑而引起的阻力，同流体两部分彼此分开的速度成正比。黏性流动实验是在流体中拖动平板实现的，如下图所示，考虑一种流体，它介于面积相等的两块大平板之间，这两块平板以很小的距离隔开，该系统原先处于静止状态，上板在力 F' 的作用下以速度 v 沿 x 方向运动。由于板上流体随平板一起运动，因此附在上板的流体速度为 U，附在下板的流体速度为零。实验表明，黏附于上平板的流体在平板切向方向上产生的黏性摩擦力 F 即 F' 的反作用力，和两平板间的距离 h 成反比，和平板的面积 A、平板的运动速度 v 成正比，比例关系式如下：

$$F=\mu A\ \frac{v}{h}$$

式中，μ 为流体动力黏度，$\frac{v}{h}$ 表示在速度的垂直方向上单位长度上的速度增量，称为速度梯度。

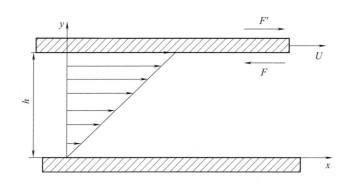

▲ 黏滞阻力示意图

身边的科学

所有流体都是有黏性的。当流体在管道中流动时，应在管道两端建立压强差或位置高度差；当船舶在河流中航行，飞机在空中飞行时，需要提供动力来克服流体黏性所引起的阻力。

生命篇

食物金字塔

眼前的现象

　　展品设置微缩的食物金字塔，食物金字塔包含每天应吃的主要食物种类，采用微缩的写真模型多层分布。金字塔共设置5层，各层位置、面积不同，一定程度上反映了各类食物在膳食中的地位和应占比例。金字塔为透明模型窗口，在竖直方向被切割开来，放置实物模型展示，后面放置半反半透玻璃，玻璃后方放置显示屏。通过半反半透玻璃，观众可看到完整的金字塔形象以

▲　食物金字塔效果图

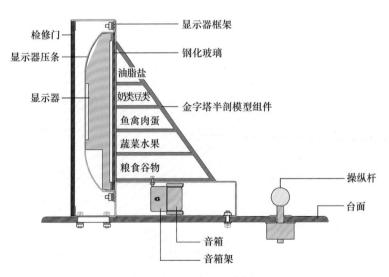

▲　食物金字塔结构图

及在金字塔旁进行介绍说明的卡通形象。

拉动操纵杆，选择食物金字塔的层次，在多媒体视频中卡通主持人的指导下了解相关内容。

其中的奥秘

合理膳食和营养均衡是健康生活的重要方面。1992年，美国农业部正式发布了《食物金字塔指南》，旨在引导美国公民选择正确的饮食，保持身体健康，降低患慢性病的风险。

《食物金字塔指南》强调通过日常锻炼、避免摄入产生过多热量的食物来保持体重，建议人们摄入的食物主要包括：健康脂肪（液态植物油，如橄榄油、菜籽油、大豆油、粮油、葵花籽油和花生油等）和碳水化合物（全谷类食物，如全麦面粉、燕麦片和糙米），同时还建议人们多吃水果和蔬菜。《食物金字塔指南》鼓励人们摄入适量的健康蛋白质（坚果、豆类、鱼类、家禽和鸡蛋），建议少吃红肉、黄油、精制谷物（包括白面包、白米和意大利面）、土豆和糖。

背后的故事

食物金字塔是关于食物链的一种比喻。

根据林德曼的10%定律，任何一个营养有机体所吸收的能量最多是前一个营养级的10%，所以在食物链中，如果第一级营养水平的能量是100%，那么第二级营养水平的能量是10%，第三级营养水平的能量是1%，以此类推。

油脂类位于食物金字塔的最顶端，每天需要不超过25 g。第二层是乳制品、豆制品，其中乳制品100 g，豆制品50 g。第三层是鱼、禽、肉、蛋，每天需要125~200 g。金字塔的第四层是水果和蔬菜，蔬菜每天需要400~500 g，水果每天需要100~200 g。最后，粮食谷物属于金字塔的第五层，每天需要 300~500 g。

身边的科学

《食物金字塔指南》是健康饮食指标，人们可按照其建议选择食物。流行病学研究发现，按"金字塔"饮食的人患主要慢性病的比率比其他人低，主要原因是心血管疾病的比率大幅度下降，女性下降 30%，男性下降 40%。然而，根据"金字塔"选择饮食并不能降低癌症的发病率。保持体重和锻炼比选择特定的食物更能有效地降低患癌症的风险。

餐桌上的安全

眼前的现象

展品设置多媒体显示屏及家庭厨房模型，厨房模型固定在台面上，包含不同部位的模型：菜篮、洗菜盆、案板、炉灶、冰箱、微波炉等。转动转盘，指针指向相应位置时，多媒体播放模型所代表的家庭食品加工环节需要注意的食品安全常识。

▲ 餐桌上的安全效果图

其中的奥秘

食品安全与人们生活息息相关。在日常生活中，人们更注重购买的食品的卫生，却往往忽视了自己家中的食品安全问题。如果不注意细节，食品加工也可能成为健康隐患。要重视食品原料的选择、加工、保鲜等各个环节，确保食品安全。

在家庭中加工食品要注意：

（1）取食品前洗手，准备和加工食品期间经常洗手，便后洗手；

（2）对用于准备食品的所有场所、设备和餐饮器具进行清洗和消毒；

（3）不单单是在烹饪过程中，整个食品备制过程的所有环节都需要保持生熟分开；

（4）应彻底煮熟食物，特别是肉、禽、蛋和海产品；

（5）应及时冷藏所有熟食和易腐烂的食物（最好在5℃以下），在室温下熟食不得存放超过2 h；

（6）在冰箱中不能储存食物太久，不要在冰箱中存放剩饭菜超过

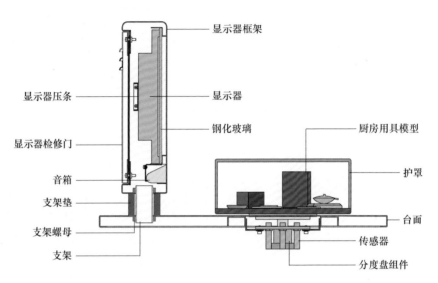

▲　餐桌上的安全结构图

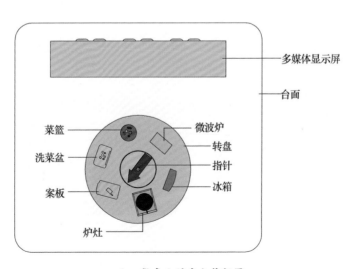

▲　餐桌上的安全俯视图

3 天，重复加热最好不超过一次。

背后的故事

食物中毒在夏季出现比较频繁，一方面较高的气温更适合细菌的繁殖，如肉、鱼、奶和蛋类等动物性食品，余饭、糯米凉糕、面类发酵食品等植物性食品，存放时间过长，食物细菌量会增高，人进食的话就会出现食物中毒的现象；另一方面，夏天人体防御能力有所降低，病弱者、老人和儿童比平时更容易生病，所以经常出现细菌性食物中毒的现象。

食物中毒症状主要为恶心、呕吐、腹痛、腹泻，常伴有发热。严重的呕吐和腹泻还可能引起脱水、酸中毒，甚至休克、昏迷等症状。食物中毒时，立即停止食用中毒食物，到医院洗胃、通便、灌肠。

身边的科学

质量安全（quality safety）的英文缩写为QS，拥有食品质量安全生产许可证的企业，它们生产加工的食品，要在出厂销售前把最小销售单位的食品包装上标明国家统一制定的食品质量安全生产许可证编号，印制或者粘贴食品质量安全市场准入标志"QS"。

绿色食品标志是由绿色食品发展中心在国家工商行政管理总局商标局正式注册的质量证明标志，是指产自优良生态环境，按照绿色食品标准生产，实行全程质量控制并获得绿色食品标志使用权的安全、优质食用农产品及相关产品。

交通安全员

眼前的现象

展品由多媒体装置和自行车模型组成。

自行车放置在多媒体展架前方，与计算机相连，踩动自行车开始进行互动，多媒体内容表现骑自行车回家的路程。随着自行车的踩踏，画面随之推动前进，并会在画面中出现不安全的交通行为：马路上嬉戏、

▲　交通安全员效果图

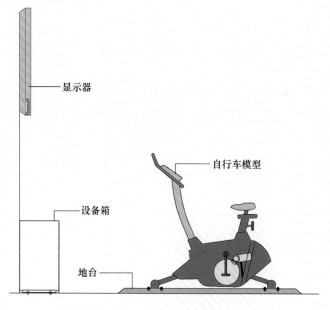

显示器

自行车模型

设备箱

地台

▲ 交通安全员结构图

过马路不走人行横道、闯红灯等。通过按下喇叭按钮指出视频中的不安全行为，踩动自行车控制视频继续播放。游戏结束时会统计得分，了解交通安全常识。

其中的奥秘

交通安全是指人们在道路上的活动，按照交通法规的规定，安全驾驶和行走，避免人身伤害或财产损失。

孩子的交通安全是家长最关心的问题。除了在学前教育和中小学教育中普及儿童交通安全教育外，许多地区还举办生动的体验教育课程，或为儿童搭建专业体验馆。儿童可以在特定场所参与多种体验活动，体验步行者和驾驶员的角色，正确理解交通安全知识，培养危险状态下的应急能力。

背后的故事

我国已步入"运输车辆时代"。据资料显示，1985 年—1999 年，

我国道路交通事故致儿童伤亡率增长了 81%。我国每天至少有 19 名
15 岁以下的儿童死于道路交通事故，77 名儿童因道路交通事故受伤。
《中国汽车学会蓝皮书》的作者陈辉提出建议：政府部门需要完善相
关的法律法规，包括儿童安全座椅的具体使用方法等，通过各种方式
来加大宣传力度。

身边的科学

教育可以提高人们的意识，意识可以改变人们的行为，行为决定后
果。交通安全教育是解决交通事故的根本途径。只有具备良好的交通安
全知识和自卫意识，才能确保交通安全。

智能家居

眼前的现象

展品由家居场景模型和手机组件组成。

展台上设置一个家居场景模型，包括各种家用电器和家居环境布置。观众通过展台上的手机进行参与，控制不同家用电器的运行状态。相应的家用电器模型可以模拟

▲ 智能家居效果图

空调吹风，电动窗帘拉开，天花板上吊灯亮起，计算机、电视荧幕亮起，冰箱、热水器工作指示灯亮起，洗衣机开始工作等，观众可以从中体验物联网给人们生活带来的便捷。

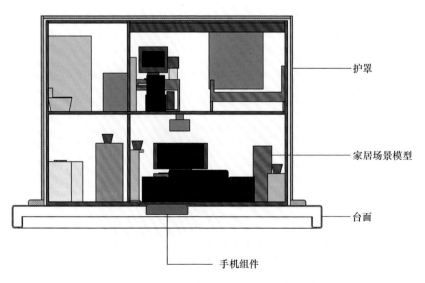

护罩

家居场景模型

台面

手机组件

▲ 智能家居剖视图

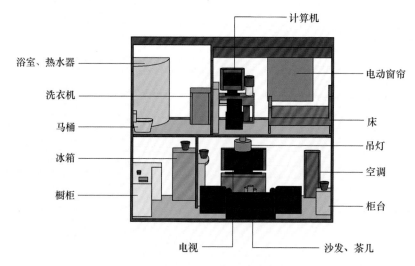

▲ 家居场景模型部件图

其中的奥秘

智能家居通过物联网技术将与家居生活有关的设施，如音视频设备、照明系统、窗帘控制、空调控制、安防系统、数字影院系统、音视频服务器、网络家电等集成，构筑住宅设施与家庭日常事务的高效管理系统，能够实现家电控制、照明控制、电话远程控制、室内外遥控、防盗报警、环境监测、暖通控制、红外转发以及可编程定时控制等多种功能和手段。和普通家庭相比，智能家居不仅拥有传统的居住功能，同时也具有建筑、网络通信、信息家电、设备自动化等全方位的信息交互功能，通过它可以为各种能源成本节约资金。

背后的故事

智能家居的概念起源很早，但一直未有具体的建筑案例出现，直到1984年美国联合科技公司将建筑设备信息化、整合化概念应用于美国康涅狄格州哈特福德市的都市办公大楼时，才出现了首栋智能型建筑，从此揭开了全世界争相建造智能家居的序幕。

智能家居作为一个新兴产业，正处于引进和成长的关键时期，各大厂商已经开始密集布局智能家居产业。尽管市场消费观念尚未形成，但是越来越多的厂商开始介入和参与，随着消费者使用习惯的变化，市场消费潜力巨大，智能家居产业将迎来大爆发。

身边的科学

在智能家居中，只要你说"我想看电影"，你的家就会立即切换到影院模式，计算机会很快在网上为你找到电影的来源并开始放映。坐在沙发上说"我渴了"，家里的水壶就会开始给你沏水。说"我要就寝了"，家里环境就会逐渐暗下来，只留过道的暗灯，等彻底入眠后再贴心熄灭，如果需要，耳边还会响起轻柔的音乐伴眠，家里的门窗都会自动上锁。起床说一句"我醒了"，自然光会沿着敞开的窗帘慢慢地倾泻进来，温度和湿度也会自行调节。你出去的时候，家里的灯会自动关闭。

条形码

眼前的现象

展品由多媒体装置、商品实物转盘和扫码器组成。

实物转盘上摆放一些常见物品模型，例如：饮料、牙签、口香糖、胶带、药品长尾票夹等。转动实物转盘，将扫码器对准商品条形码进行扫描，此物品的名称、生产厂家、参考价格等信息就会在屏幕上生动形象地展示出来。这不大的条形码中蕴含着丰富的信息。

▲ 条形码效果图

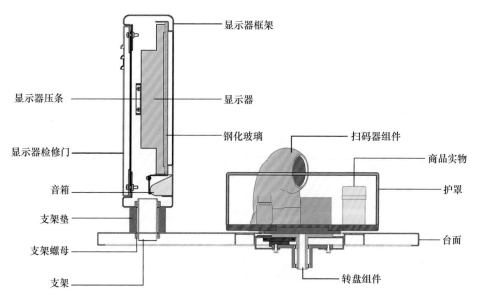

显示器框架

显示器压条

显示器

显示器检修门

钢化玻璃

扫码器组件

商品实物

音箱

护罩

支架垫

台面

支架螺母

转盘组件

支架

▲ 条形码结构图

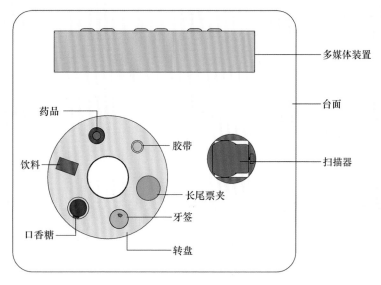

多媒体装置

台面

扫描器

药品

胶带

饮料

长尾票夹

牙签

口香糖

转盘

▲ 条形码俯视图

其中的奥秘

条形码通过图形承载信息，根据编码规则将不同宽度的黑条和空白排列起来，表示的信息其实是可以通过特定设备读取的一串字符串。条形码是给机器看的，数字是给人看的，只不过是表现形式不一样。条形码运用了编码、打印、识别、数据采集和处理等一系列技术，它的用途非常广泛。商品上的条形码和人们的身份证一样，输入条形码下面的数字就可以查询到产品的名称、价格等相关信息。条形码识别系统采用激光和计算机技术，应用在各行各业中。

背后的故事

箭牌口香糖是最早被打上条形码的产品。条形码技术最早产生在20世纪20年代，当时有一位名叫约翰·科芒德的发明家，他想实现对邮政单据自动分拣，当时他的想法是在信封上标上条形码，条形码中的信息是收件人的地址，就像今天的邮政编码一样。基于此，科芒德首先发明了条形码识别，然后发明了条形码读取设备，其基本元件包括：扫描仪、边缘定位线圈和解码器。

1970 年一家美国公司开发出二维码，此后，随着发光二极管、微处理器和激光二极管的不断发展，出现了大量新的识别符号及应用。

身边的科学

条形码技术是一种广泛应用于商业、邮政、图书管理、仓储、工业生产过程控制、运输、包装、配送等领域的自动识别技术。它可以显示产品的生产国、生产厂家、商品名称、生产日期等多种信息。在现代超市管理中，条形码的应用是必不可少的。大型超市从纵向到横向，从商品流通、供应商选择到客户和员工管理，都充分利用了条形码。

科技馆的魔法手册

科普展品 ❷

天鹅绒触觉

眼前的现象

展品设置固定台体，台体上有台面，台面上左右设置两个天鹅造型，造型的尾部有镂空网格，后面立有展项名牌。把双手合在一起用手掌夹着网格，轻轻揉搓时，就会有一种类似触摸天鹅绒的感觉。

其中的奥秘

触觉又叫第五感觉，是由压力和牵引力作用于体表触觉感受器而产生的。触觉中至少有十一

▲ 天鹅绒触觉效果图

种不同的感觉。皮肤上有成千上万的感觉末梢，每一块皮肤都不同，每一小块皮肤上的感觉器官数量也不同，因此会有疼痛、寒冷、炎热等感觉。

背后的故事

生活中会有这样的奇怪现象：一个人躺在一个装满水的浴缸里，把脚趾向上露出水面，水从水龙头里滴出来，落到大脚趾上，这时这个人感觉不到这滴水是冷是热。这个经历即为触觉错觉。

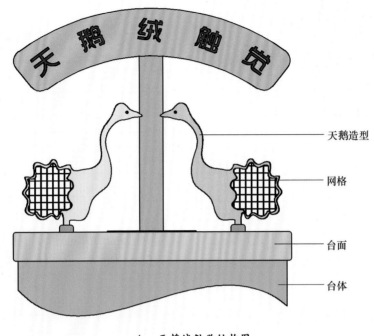

天鹅造型

网格

台面

台体

▲　天鹅绒触觉结构图

身边的科学

触感错觉可以产生很多有趣的体验。将人们的食指和中指交叉，去触摸一个小的圆形物体，比如干豌豆。这种情况下人们会有一种碰了两颗豌豆的错觉。